MIMO－ISAR 成像原理与方法

董会旭　王晓峰　田润澜　王春雨　孙　亮　著

内 容 简 介

本书针对雷达成像新技术,介绍了多输入多输出(multiple input multiple output, MIMO)体制下的逆合成孔径雷达(inverse synthetic aperture radar,ISAR)成像原理与方法。全书共6章,主要内容包括MIMO－ISAR二维成像建模与分析,MIMO－ISAR二维成像平动补偿方法,MIMO－ISAR二维成像空时等效误差校正以及MIMO－ISAR的时域、频域成像算法等,对研究MIMO－ISAR成像技术和工程实践具有一定的参考价值。

本书为军队建设支持项目,主要面向从事雷达信号处理和技术研究的工程技术人员以及相关专业的高等院校师生。

图书在版编目(CIP)数据

MIMO－ISAR成像原理与方法/董会旭等著.—
哈尔滨：哈尔滨工程大学出版社，2021.12
ISBN 978－7－5661－3398－4

Ⅰ.①M… Ⅱ.①董… Ⅲ.①雷达成像 Ⅳ.
①TN957.52

中国版本图书馆CIP数据核字(2021)第275723号

MIMO－ISAR **成像原理与方法**
MIMO－ISAR CHENGXIANG YUANLI YU FANGFA

选题策划 张志雯
责任编辑 唐欢欢
封面设计 刘津菲

出版发行 哈尔滨工程大学出版社
社　　址 哈尔滨市南岗区南通大街145号
邮政编码 150001
发行电话 0451－82519328
传　　真 0451－82519699
经　　销 新华书店
印　　刷 哈尔滨市午阳印刷有限公司
开　　本 787 mm×960 mm　1/16
印　　张 8.25
字　　数 156千字
版　　次 2021年12月第1版
印　　次 2021年12月第1次印刷
定　　价 49.00元

http://www.hrbeupress.com
E-mail:heupress@hrbeu.edu.cn

前　　言

多输入多输出逆合成孔径雷达（MIMO－ISAR）成像是近年来新提出的一种成像技术，它结合了 ISAR 成像与 MIMO 雷达的优点，在解决复杂运动目标和微转动目标成像方面，较传统 ISAR 成像具有优势，已经成为雷达成像领域新的研究热点。经过几年的发展，MIMO－ISAR 成像技术研究取得了丰硕的成果，但总体而言，当前对 MIMO－ISAR 成像的研究不够系统，许多问题尚待进一步研究和解决。本书针对 MIMO－ISAR 二维成像技术所面临的关键问题，以理论推导和数值仿真相结合的手段，从 MIMO－ISAR 二维成像中的基本原理、运动补偿方法、空时等效误差校正以及成像算法等方面提出解决办法。

第 1 章为概论。首先，介绍了 MIMO－ISAR 成像的背景和意义，对多通道 ISAR 成像技术的研究进展及多通道 ISAR 成像技术发展与现状进行了综述；然后，介绍了 MIMO 雷达技术，总结了 MIMO－ISAR 成像技术需要解决的五大关键问题。

第 2 章为 MIMO－ISAR 二维成像建模及分析。首先，对目标的运动模型进行了研究，建立了三维空间中 MIMO－ISAR 二维成像的目标精确运动模型、主成分分析（PCA）等效模型以及理想模型；然后，根据目标的运动模型建立了 MIMO－ISAR 成像的回波模型；对 MIMO－ISAR 二维成像中的运动误差和数据均匀性对成像质量的影响进行了分析；最后，对 MIMO－ISAR 成像平面进行了分析。第 2 章对 MIMO－ISAR 成像的建模分析，为后续成像技术的研究奠定了理论基础。

第 3 章为 MIMO－ISAR 二维成像平动补偿。基于 MIMO－ISAR 二维成像的一般模型，对运动补偿模型进行了分析，并根据运动分量不同的性质提出不同的方法进行补偿。

第 4 章为 MIMO－ISAR 二维成像空时等效误差校正。针对 MIMO－ISAR 成像中空时不等效问题，论述了基于频域滤波思想和基于稀疏求解的空时等效误差校正方法。

第 5 章为 MIMO－ISAR 时域成像算法研究。针对采用距离多普勒（R－D）算法对 MIMO－ISAR 成像中的数据非均匀性和成像过程复杂性等问题，提出了一种相同距离单元聚焦处理的时域成像算法。针对该算法运算效率低这一问题，提出了一种可以使用傅里叶变换计算的快速计算方法，该方法相比于原算法能够在保证成像质量下降不大的前提下，有效降低运算量。

第6章为基于图像融合的 MIMO－ISAR 二维成像算法。在分析 MIMO－ISAR 成像平面的基础上，论述了成像一般模型条件下基于图像融合的 MIMO－ISAR 成像算法。针对改善因子失配问题，提出了一种基于尺度变换的改善因子失配校正方法；通过校正，成像结果中的假目标得到抑制，散射点的分辨力得到提高。

本书由董会旭、王晓峰、田润澜等人共同完成，在写作过程，得到了空军航空大学各级领导和同事的大力支持，在此一一表示感谢。由于笔者水平有限，经验不足，本书一定会有不当和错误之处，希望读者提出宝贵的意见和建议。

著　者

2021 年 12 月

目　　录

第1章　概论 …… 1
1.1　引言 …… 1
1.2　国内外研究现状 …… 2
1.3　MIMO－ISAR成像关键问题 …… 12
第2章　MIMO－ISAR二维成像建模及分析 …… 15
2.1　引言 …… 15
2.2　MIMO－ISAR二维成像原理 …… 16
2.3　MIMO－ISAR回波建模及分析 …… 18
2.4　MIMO－ISAR成像平面分析 …… 31
2.5　仿真实验 …… 32
2.6　本章小结 …… 38
第3章　MIMO－ISAR二维成像平动补偿 …… 39
3.1　引言 …… 39
3.2　MIMO－ISAR二维成像运动模型分析 …… 40
3.3　平动补偿方法 …… 44
3.4　仿真实验 …… 51
3.5　本章小结 …… 55
第4章　MIMO－ISAR二维成像空时等效误差校正 …… 56
4.1　引言 …… 56
4.2　基于频域滤波的MIMO－ISAR空时等效误差校正 …… 57
4.3　基于稀疏求解的空时等效误差校正 …… 65
4.4　本章小结 …… 74
第5章　MIMO－ISAR时域成像算法研究 …… 75
5.1　引言 …… 75
5.2　信号模型 …… 76

5.3 基于距离单元聚焦的 MIMO - ISAR 成像算法 …… 79
5.4 时域成像算法的快速计算 …… 86
5.5 本章小结 …… 93
第 6 章 基于图像融合的 MIMO - ISAR 二维成像算法 …… 95
6.1 引言 …… 95
6.2 信号模型 …… 96
6.3 基于图像融合的 MIMO - ISAR 成像方法 …… 98
6.4 改善因子校正方法 …… 103
6.5 仿真实验 …… 108
6.6 本章小结 …… 111
参考文献 …… 113

第1章　概　　论

1.1　引　　言

雷达成像技术起源于二十世纪五六十年代，它的出现使得雷达技术的发展进入了一个崭新的时代。成像雷达不仅能获得目标的位置与运动信息，而且能够给出目标的图像等精细化信息，因而在过去的几十年里受到极大的关注，并取得了长足进展。由于成像雷达具有作用距离远、分辨力高、全天时、全天候等优点，能够完成复杂环境下目标的监视、识别等任务，为红外、光学等常规系统所不能比拟，因此在军用和民用领域都得到了广泛应用。

逆合成孔径雷达（inverse synthetic aperture radar，ISAR）成像是雷达成像技术的一个重要分支。它以距离－多普勒（range－doppler，R－D）技术为核心，通过发射大带宽信号获得距离高分辨力，依靠目标相对于雷达的转动获得横向高分辨力，从而获得空中目标在距离－多普勒平面的二维图像。经过几十年的研究与发展，ISAR 成像技术已经从理论走向应用。美国林肯实验室研制的 ALCOR雷达系统、Haystack 雷达系统、美“瞭望号”舰载 Cobra Judy 雷达系统以及德国 FGAN（高频物理和雷达技术研究所）研制的 TIRA 雷达系统等都是其中的典型代表。

传统的单站 ISAR 成像的基础是目标与雷达之间的相对运动，要求目标在成像积累时间内运动平稳。然而，目标通常具有非合作性，会将诸多非理想因素引入成像过程，大大影响 ISAR 成像的效率和质量。例如，对于高机动目标 ISAR 成像，由于目标运动形式复杂，在成像过程中不得不对回波信号进行复杂的运动补偿，以满足 ISAR 成像要求；另外，对于微转动目标 ISAR 成像，由于目标转动不明显，传统 ISAR 成像难以实现横向高分辨等。传统 ISAR 关于复杂运动目标成像的困境限制了 ISAR 成像技术的进一步发展与应用。

针对复杂运动目标给传统 ISAR 成像带来的挑战，国内外学者对此做了深入研究并取得了一系列卓有成效的成果，概括起来可分为两个方面：一是采用超分辨算法进行成像,超分辨算法能够突破“瑞利限”的限制,在较短孔径条件下实现高分辨成像;二是采用多通道 ISAR 成像体制进行成像,多通道 ISAR 成像可以综合利用不同雷达站的空间采样与 ISAR 技术的时间采样,在短相干积累时间内联合处理实现成像,减小成像对目标运动的依赖,避免或减小复杂的运动补偿。这两种方法都能够实现短相干积累时间目标成像,但都依然存在诸多问题没有解决,短积累时间成像是当前成像领域的研究热点。

多通道 ISAR 成像根据其雷达体制的不同可分为双/多基地 ISAR 成像、组网雷达 ISAR 成像以及多输入多输出逆合成孔径雷达(MIMO－ISAR)成像等。其中,MIMO－ISAR 成像是随着 MIMO 雷达技术提出而发展起来的一种新型体制雷达成像技术。它是将 MIMO 雷达技术与 ISAR 成像技术结合在一起,利用 MIMO 雷达虚拟等效阵列获得比传统实阵列更大的空间采样能力,大大缩短成像积累时间,减少目标非合作性对成像的影响;同时又能利用目标与雷达的相对转动产生的合成阵列填充虚拟阵元间的空域采样缺失,减小阵元整体规模,消除因 MIMO 阵列稀疏造成的方位向模糊。由于 MIMO－ISAR 具备这一体制优势,因此一经提出就吸引了国内外学者的研究兴趣,各学者分别从宽带正交信号分离、成像方法、参数估计、空时等效误差分析与校正、数据重排以及数据均匀化处理等方面对 MIMO－ISAR 进行了一系列研究,使 MIMO－ISAR 技术成为成像领域新的研究热点。然而,就目前而言,对 MIMO－ISAR 的研究仍不充分,许多关键问题亟待解决。IMO－ISAR 成像技术研究虽然取得了许多成果,但距离实际应用仍有很大一段距离。

1.2　国内外研究现状

1.2.1　多通道 ISAR 成像技术发展概述

多通道 ISAR 成像的概念,最早于 20 世纪 70 年代以双/多基地 ISAR 成像的形式被提出,但受制于当时的技术水平并没有得到进一步发展。近年来,随着雷达技术与电子技术的发展,单站 ISAR 成像难以适应日益复杂的电磁环境,无法满足对高速目标、高机动目标以及隐身目标的成像需求。体制优势更为突出的双/多基地 ISAR 技术再一次引起国内外学者的关注。双基地 ISAR (B－ISAR)利用一对分置的发射站和接收站,将收/发站的空间特性与目标运动特性结合起来实现运动目标的成像,它不仅能够克服单站 ISAR 成像中存在的一些几何限制，而且应用灵活，同时，双/多基地 ISAR 在抗干扰性能、探测隐身目标能力以及提高生存能力上比单站 ISAR 更有优势。因此，对双/多基地 ISAR 成像技术的研究再一次成为雷达成像领域的热点。

在国际上，Simon 与 Schuh 等提出采用时域分析的方法对目标进行双基地 ISAR 成像；Palmer 等对由单基地雷达多径效应构成的伪多基地雷达进行了研究，并且使用传统 ISAR 成像方法对目标进行了成像；俄亥俄州州立大学的 Johson 等采用相同成像方法对单站体制与双站体制下的目标分别进行成像，成像结果差异较大，基于成像结果，笔者还研究了二者成像原理的异同；意大利学者 Marco 等根据双基地 ISAR 成像的特点，系统地研究了双基地 ISAR 成像问题，总结归纳了双基地 ISAR 成像研究存在的问题，推导分析了单站 ISAR 成像算法用于双基地 ISAR 成像的适应性与约束条件，另外，他们还进一步研究了双基地角变化以及相位同步误差对双基地 ISAR 成像的影响，并且通过基于图像对比度的相位自聚焦方法获得稳定的双基地 ISAR 像，目前则致力于多基地 ISAR 成像雷达布站问题的研究；Chen 分析了双基地 ISAR 成像采用距离 - 多普勒算法的分辨率，并将该算法应用于舰船目标成像，成像结果如图 1.1 所示。Suwa 与 Wakayama 等研究了双/多基地 ISAR 成像在飞机、舰船等目标中的具体应用，并提出利用双/多基地 ISAR 成像序列提取目标的运动参数与三维结构；2011 年，Shohei 等针对无源双基地雷达利用电视信号对飞机目标 ISAR 成像进行了研究，并公布了无源双基地 ISAR 成像结果，但是该方法对目标的先验信息要求很高；Ma 等则从成像平面的角度对双基地 ISAR 成像进行了研究，指出双基地 ISAR 的成像平面与双基地角等因素有关，距离 - 多普勒成像结果是扭曲的，需要对其进行校正。

就现有文献而言，在国际上关于双基地 ISAR 成像研究的文献中大都是基于将双基等效为单基的思想，即将双基地雷达等效成双基地角平分线上的单基地雷达，然后按照传统的单基地 ISAR 成像进行回波建模，最后利用经典距离 - 多普勒算法进行成像。然而，由于发射机、接收机与目标之间存在三角关系，在方位向与距离向上存在深度耦合，从而导致距离 - 多普勒成像结果存在畸变；针对这一问题，Ma 等深入研究了双基地 ISAR 成像问题，指出等效距离 - 多普勒平面上的双基地 ISAR 像实际上是扭曲的，需要矫正，基于单基等效思想的回波建模方式并不能够完全反映双基地 ISAR 成像的特性。因而，寻求有效的双基地 ISAR 成像建模方法、成像畸变校正以及横向定标方法是当前双基地 ISAR 成像研究面临的主要问题。

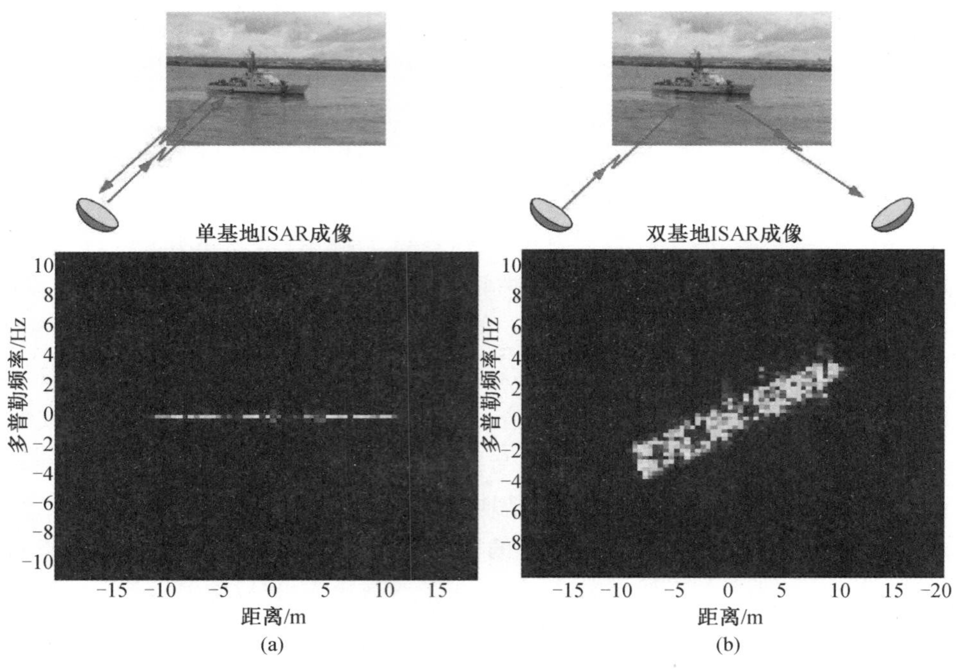

图 1.1　舰船目标双基地 ISAR 成像

国内对双基地 ISAR 成像的研究，几乎与单基地 ISAR 成像同时起步。20 世纪 80 年代，赵亦工等系统研究了双基地 ISAR 成像的基本理论，但受限于当时的雷达技术水平，后续对双基地 ISAR 成像的研究成果相对较少。直至 21 世纪初，随着技术的进步以及单基地 ISAR 成像对复杂电磁环境下复杂运动目标的“力不从心”，双基地雷达体制优势进一步凸显，双基地 ISAR 成像才重新得到重视。吴勇等在单基地 ISAR 成像的基础上研究了双基地 ISAR 二维成像算法，提出了基于散射中心追踪的运动补偿算法，以消除目标运动对成像的影响；汤子跃、张亚标等对双基地 ISAR 成像原理、采样率要求以及分辨力限制等进行了严格的数学推导；韩兴斌等研究了基于空间谱域的实孔径分布式多通道 ISAR 成像方法，通过分析多通道雷达空间谱域的采样分布规律，提出了多通道 ISAR 极坐标格式化成像算法；曹星慧等研究了基于伪双基地 ISAR 的成像方法，与常规的双基地 ISAR 相比，该方法能够大大简化设备；高昭昭等从波数域对双基地 ISAR 成像进行了分析，推导分析了双基地角与等效视线角的变化规律，确定了在不同区域内应该使用的成像算法；张永顺、张群等对双/多基地雷达系统以及双/多基地 ISAR 成像模型构建、运动补偿与成像算法等方面进行了深入系统研究，取得了一系列成果；董健、尚朝轩等针对双基地 ISAR 成像，分别研究了运动补偿、成像平面与回波修正的关系等；李亚超、许稼等从图像融合的角度提高了多基地 ISAR 成像的质量，在估计目标相对于接收站的转速的基础上通过旋转变换对图像进行融合，但没有考虑成像平面不同的情况；芮力、李宁、汪玲等通过分析目标运动，在估计目标转动矢量的基础上研究了双基地 ISAR 成像的最佳时间选择问题；徐浩结合分布式成像与凝视成像，基于空间谱分析，提出了基于非均匀快速傅里叶变换（NUFFT）的成像方法与基于压缩感知的成像方法；谢洪途、安道祥等对移变双基地雷达成像进行了研究；陈刚等从稀布阵 MIMO 雷达成像的角度，对多通道 ISAR 成像进行了研究；柴守刚着重研究了运动目标分布式雷达成像方法，对双/多基地 ISAR 成像、MIMO－ISAR 成像进行了详细分析，并提出了二维、三维成像算法。

综合国内外文献，当前对多通道 ISAR 的成像研究仍处于探索阶段，所用方法仍是基于等效单基地与理想点散射模型，没有考虑双/多基地几何配置与散射特性对 ISAR 成像的影响。因此，多通道 ISAR 成像的模型建立、成像算法以及图像畸变校正等是研究多通道 ISAR 成像的重点与难点。

1.2.2　MIMO－ISAR 研究现状

作为多通道 ISAR 成像的一种，MIMO－ISAR 成像是伴随着多通道 ISAR 成像的发展与 MIMO 雷达技术的提出而逐渐发展起来的。它不仅具有多通道 ISAR 成像的特征，而且自身还具有一些特点。MIMO－ISAR 综合了 MIMO 雷达和 ISAR 技术的优势，它通过 MIMO 雷达的虚拟等效阵元可以预先形成均匀稀疏的大孔径阵列，然后利用目标相对雷达的运动形成的合成孔径来填充稀疏的孔径，最终形成致密填充的合成孔径。其优势是只需很短的观测时间就可以获得很高的横向分辨率，同时能够简化目标运动形式，降低成像对目标运动的依赖性，避免高速、高机动目标在长观测时间下所必须采用的复杂运动补偿技术，使成像算法简单有效。

国防科技大学朱宇涛博士于 2009 年在《电子学报》上提出了“MIMO－ISAR 成像”这一概念，后于 2010 年在 *IEEE Transactions on Geoscience and Remote Sensing* 杂志上对这一成像体制进行了系统阐述。同期杂志刊登的罗马大学学者 Pastina 所撰写的“Multistatic and MIMO distributed ISAR for enhanced cross－range resolution of rotating targets”一文也对 MIMO－ISAR 成像的概念进行了系统阐述，并利用两阵元实测数据对 MIMO－ISAR 成像进行了验证，成像结果如图 1.2 所示。

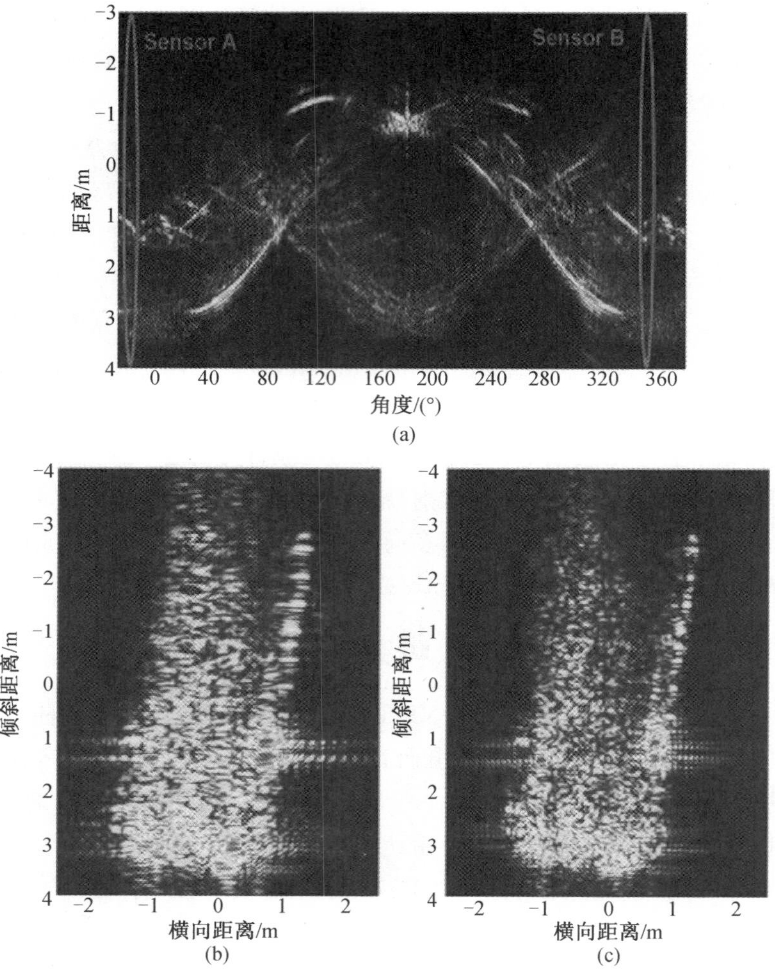

图 1.2　典型的 MIMO－ISAR 实测数据成像

MIMO 雷达的概念最初形成于 20 世纪初的一些国际雷达会议，Fishler、Bliss 和 Robey 等做了大量奠基性的工作。十几年来，国内外学者对 MIMO 雷达技术进行了全方位研究，大量研究成果见诸报端，搭建了很多验证性的 MIMO 雷达实验系统，大大推动了 MIMO 雷达技术的发展进步。一般而言，典型的 MIMO 雷达系统结构示意图如图 1.3 所示。

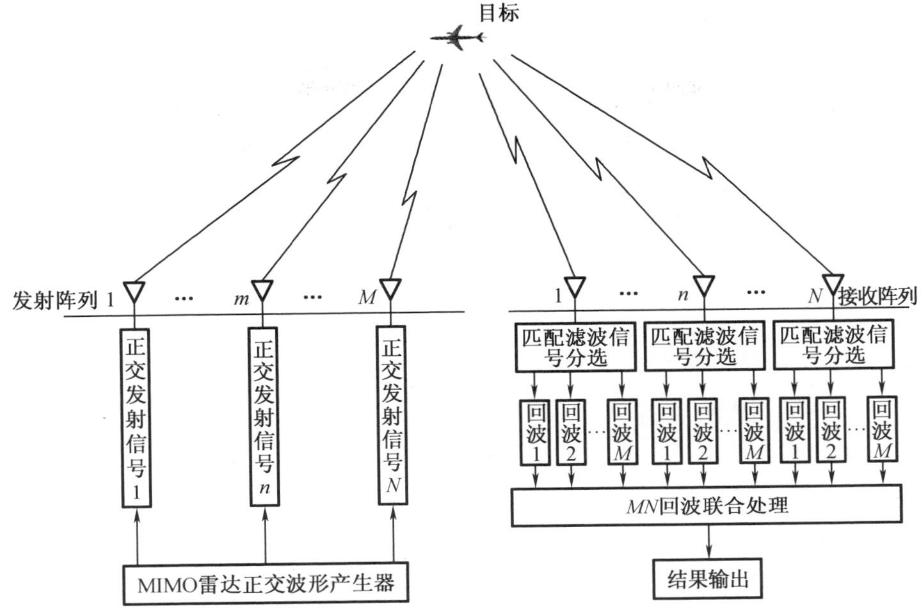

图1.3 典型的MIMO雷达系统结构示意图

典型的MIMO雷达系统一般包括由M个发射阵元与N个正交波形产生器组成的发射端，N个接收阵元与信号处理系统组成的接收端。在发射端，各个发射阵元全向发射相互正交的信号对目标进行探测，目标回波在接收端被N个阵元组成的接收阵列所接收，每个阵元经过匹配滤波对接收到的回波进行信号分选，从而可得到M个回波信号，因此在接收端一共可得到MN个回波信号，将这MN个回波信号进行联合处理，就可以得到所需的输出结果。

随着MIMO雷达技术的发展，其具体实现形式也有所不同。总结现有文献，MIMO雷达大体可分为两类：共址（相关）MIMO雷达与分布式MIMO雷达。

共址MIMO雷达的研究以Li Jian、Stoica等以及林肯实验室为主要代表。共址MIMO雷达的发射阵列、接收阵列与传统相控阵雷达阵列相似，阵元间距小，收发阵列与目标之间满足远场条件假设，通道回波数据之间满足相干性，能够进行信号的联合相干处理，实现波束形成、目标检测、参数估计及成像等功能。而且，相比于传统相控阵雷达，共址MIMO雷达具有许多优势，比如，低截获性能，提高了弱目标与低速目标的检测性能，较高的处理自由度改善目标的参数估计性能等。

Fishler、Blum以及Haimovich等的研究重点主要集中于分布式MIMO雷达。分布式MIMO雷达是利用空间中具有大阵元间距的阵列，从不同的角度对复杂起伏目标进行观测，通过统计相互独立的多路回波信号降低目标起伏，从而提高目标的检测概率。为了得到统计相互独立的回波信号，MIMO 雷达阵列必须在空间分布式配置，对目标形成空间分集。在 Fishler 的论著中，根据分集形式的不同，分布式 MIMO 雷达又可分为三种：一是发射分集 MIMO 雷达，二是接收分集 MIMO 雷达，三是收发分集 MIMO 雷达。发射分集 MIMO 雷达是指发射阵列满足空间分集，接收阵列为类似于相控阵雷达的阵列；接收分集 MIMO 雷达则与发射分集 MIMO 雷达恰恰相反；收发分集 MIMO 雷达则是发射、接收阵列皆须满足空间分集。

当前，对 MIMO 雷达技术的研究方兴未艾，研究内容不断深入，成果斐然。综合现有文献，MIMO 雷达技术的研究内容大体可分为以下几方面：

(1)波束形成；

(2)目标检测；

(3)参数估计；

(4)阵列设计；

(5)波形优化；

(6)成像技术。

由于本书主要研究对象为 MIMO－ISAR 成像，因而只对(1)～(3)项的研究现状进行简要介绍，而对后三项则与 MIMO－ISAR 成像研究现状相结合进行介绍。

1. MIMO 雷达数字波束形成

对于共址 MIMO 雷达，可以同时在发射端与接收端形成波束，此时 MIMO 雷达的导向矢量等于发射阵列导向矢量与接收阵列的克罗内克(Kronecker)积，发射、接收联合波束形成可以获得比传统相控阵雷达更窄的波束宽度与更低的旁瓣；Rabidea、Robey 等将传统波束形成技术应用于 MIMO 雷达，改善了 MIMO 雷达的抗干扰能力与杂波抑制性能。Forsythe、Chen、Vaidyanathan 等将空时二维滤波(STAP)与 MIMO 雷达相结合，有效提高了 MIMO 雷达对弱小目标的检测能力。

2. MIMO 雷达目标检测

对于起伏目标，分布式 MIMO 雷达利用其空间分集优势，获得统计相互独立的多路回波信号，通过多路信号的非相参积累降低目标起伏，从而提高目标的检测概率。Fishler 等基于分布式 MIMO 雷达模型，对目标检测进行了深入细致的分析，推导出了空间分集须满足的条件，给出了尼曼－皮尔逊(Neyman－Pearson，N－P)准则下分布式 MIMO 雷达的最优检测器，并分析了检测器的性能。Yazici、Sammartino 等在分析目标模型对检测性能影响的基础上,探讨了 K 分布杂波模型下 MIMO 雷达的目标检测性能以及 N－P 检测器的目标检测性能。屈金佑等则着重研究了回波信号分选时正交波形自相关、互相关旁瓣水平对 MIMO 雷达目标检测的影响。另外,Ghobadzadeh、Xu、王鞠庭等还针对 MIMO 雷达实际检测中参数未知的情况,提出了基于广义似然比检测的检测器,用于目标检测。

3. MIMO 雷达参数估计

由于 MIMO 雷达具有虚拟等效阵列、空间分集以及波形分集等技术,因而可提高目标参数的估计能力。Forsythe 等分析了 MIMO 雷达角度分辨力与信号处理自由度之间的关系;Li Jian 等则利用 MIMO 雷达的自由度优势,给出了 Capon 等参数估计算法;Bekkerman 等对 MIMO 雷达的角度估计进行了深入探讨,并给出了角度估计 Cramer－Rao 界,他还利用 MUSIC 算法以及阵列平滑技术实现了多目标 DOA 估计;Lehmann、夏威、许红波等对分布式 MIMO 雷达的参数估计进行了研究,并对参数估计算法的稳健性进行了探讨。

4. MIMO－ISAR 阵列设计

阵列结构直接决定 MIMO－ISAR 回波信号的空间采样位置,是成像的基础,因而阵列设计是 MIMO－ISAR 成像的关键技术之一。总结现有文献,MIMO 阵列设计思想大体可以分为三个方面。

(1)基于天线方向图最优的设计思想。基于天线方向图的阵列设计准则是传统阵列设计方法,研究最为广泛,主要是通过优化的思想设计阵列,以降低波束宽度及旁瓣水平为准则,使雷达获得更高的分辨力与更好的抗干扰性能,很多学者对此进行了深入系统的研究,其中,Christian 等采用粒子群算法对 MIMO 雷达阵列进行优化,并进行了实验验证。

(2)基于最小冗余阵列的设计思想。最小冗余阵列的设计思路是把阵元布置在均匀划分的栅格上,然后以空间延迟时间相同的阵元数最小为准则对阵元位置进行优化,即以最小的规模获得最大的阵列孔径。Chen 等首次以此理论进行阵列设计,获得固定阵元数条件下的大阵列孔径;在此基础上,Liao 等对上述研究成果进行改进,进一步扩大了阵列孔径;Ma 等则对收发同置的阵列设计进行了研究,设计了一种最小冗余阵列且具有一定的干扰抑制能力;针对阵列设计中运算量大的问题,Dong 等基于循环差集提出了一种快速阵列设计方法,但是由于循环差集有限而无法获得真正意义上的最小冗余阵列;基于循环差集的方法解决阵列设计复杂的问题,洪振清、张剑云等结合 MIMO 雷达虚拟阵元概念提出了一种快速求解方法,相比 Dong 等的研究成果具有更小的复杂度,工程适用性更好；张娟等在考虑最小冗余准则的基础上，加入了阵元利用率最大准则，获得了优化的阵列结构；王伟、马跃华等也基于该思想提出了一种更为简单有效的阵列设计方法；陈刚等则利用差集理论设计了一种最小冗余垂直阵列。

(3)基于信号处理有利的阵列设计。MIMO 雷达的阵列设计，除了满足上述两个要求之外，还要从有利于信号处理的角度进行考虑，可以根据雷达不同的任务需求设计阵列。如陆珉、许红波等从提高 DOA 估计数的角度，提出了一种自由度最大准则的阵列设计方法，可有效提高 DOA 估计性能；朱宇涛、粟毅等则针对 MIMO - ISAR 成像提出了一种兼顾信号相干性与采样均匀性的 MIMO 阵列结构，简化了成像数据结构的复杂度；陈阿磊、王党卫等针对 MIMO 雷达成像的时域算法提出了一种阵列规模最小的阵列结构；另外，朱宇涛等还针对 MIMO - ISAR 三维成像，提出了一种 M^2 发 N^2 收的面阵结构。

5. MIMO - ISAR 正交波形设计与分离

正交波形设计与分离是 MIMO 雷达的核心技术之一，同样也是 MIMO - ISAR 成像的基础。常见的正交波形信号有时间分集正交波形、频率分集正交波形、相位编码正交波形以及其他形式的正交波形。相较于一般的 MIMO 雷达正交波形，MIMO - ISAR 成像的发射波形同时还要求大带宽、低自相关旁瓣与互相关旁瓣水平。Deng 等基于多项式相位编码提出一种正交波形设计方法，并仿真验证了波形的自相关与互相关特性，该方法可用于有限个散射点目标(例如弹道目标)的 MIMO - ISAR 成像；牛朝阳、张剑云等基于线性调频(LFM) - 正交编码正交波形设计模型，利用遗传算法进行了优化求解，获得了信号的大带宽、高距离分辨力；Wang 等采用正负线性调频、编码 - 线性调频正交波形分别对地面动目标进行 MIMO - SAR 成像，可在一定程度上有效抑制互相关噪声影响；Luo 等设计了一种正交频分复用(OFMD)波形，用于 MIMO - SAR 成像，并对通道误差对成像的影响进行了分析；Kim 提出了一种调制多载波 chirp 正交波形，将之应用于 MIMO - SAR 成像并进行仿真验证；李风从、赵宜楠等提出了基于零自相关区的正交波形设计方法，该方法可以在一定的距离分辨区域使自相关与互相关噪声达到成像要求；邹博、董臻等从正交波形设计的角度对编码信号进行详细的分析，提出了综合旁瓣比指标，通过理论推导及仿真实验证明了同频码分波形在利用匹配滤波时并不能很好满足 MIMO - ISAR 成像的要求；张佳佳、孙光才等针对发射信号正交性不足、互相关噪声较大的问题，提出了方位相位编码 chirp 的正交信号，信号通过编码解调后波束形成进行回波分离，很好地消除了波形间的互相关噪声；徐伟、邓云凯从波形分离的角度研究了 MIMO - SAR 宽带正交信号的距离高分辨，提出了一种基于距离向子阵 SCORE

技术与空时后处理的联合分离方法,分离效果较好;孟藏珍、许稼等分别利用滤波器设计、CLEAN思想等方式方法研究了正交波形分离方法,较好抑制了互相关噪声,波形分离效果如图1.4所示。除此之外,孟藏珍等还从对发射波形进行慢时间调制的角度,研究了消除正交波形互相关噪声对成像的影响。

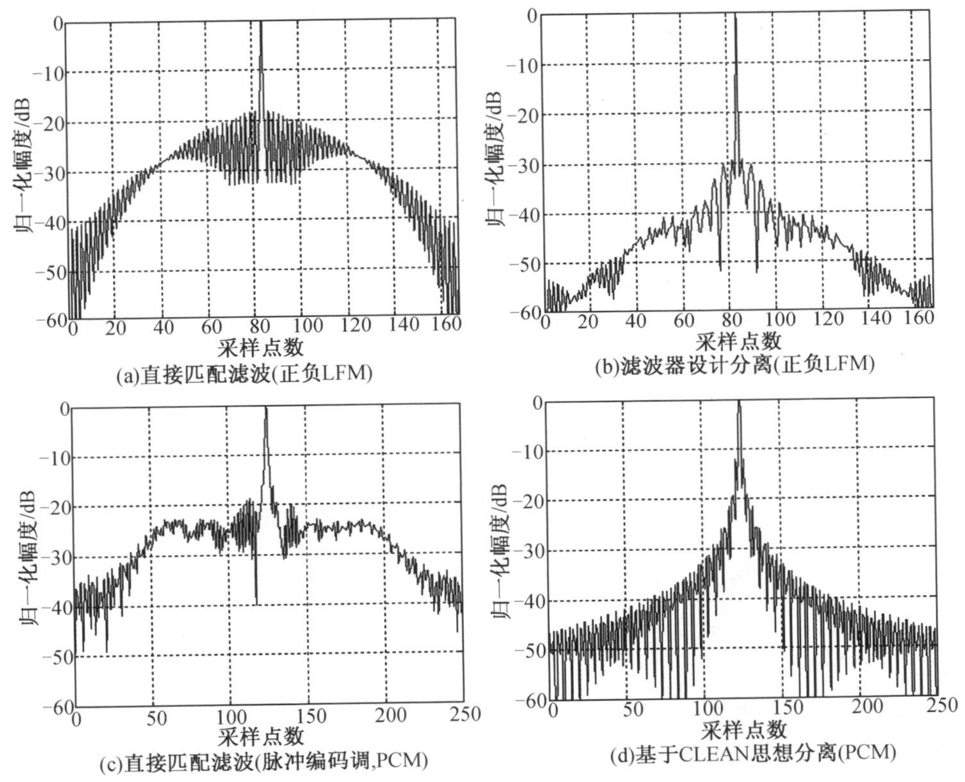

图1.4 正交波形分离

6. MIMO - ISAR成像技术

MIMO - ISAR成像技术提出以来,国内外学者对此展开了大量研究。朱宇涛、Pastina等提出了MIMO - ISAR成像,对成像分辨力、成像一般过程、基本算法等都进行了深入分析;朱宇涛、粟毅等还提出了一种特殊阵列结构,根据相位中心近似(phase center approximation,PCA)原理,将其等效为均匀面阵,通过数据重排与插值对成像数据进行空时联合处理,实现了MIMO - ISAR的三维成像;Ma等在建立MIMO雷达三维成像信号模型的基础上,分析了阵列结构准则及信号发射策略等,实现了MIMO雷达单次快拍成像以及MIMO - ISAR成像;

Bucciarelli 等采用 MIMO 雷达技术的侧视多掠 ISAR，增强了成像的方位分辨率；陈刚、顾红等针对 MIMO－ISAR 中转速估计误差带来的空时不等效问题，研究了空时不等效对成像质量的影响，得到成像中虚假目标的数量及其位置的计算公式，给出了目标与最大假目标的幅度比；陈刚等还针对 MIMO－ISAR 成像算法，提出了一种极坐标格式下的成像算法，该方法首先将极坐标格式下的非均匀数据降维，然后通过插值运算将其转换为直角坐标系下的均匀数据进行成像；Dario Tarchi 等研究了地基 MIMO－SAR 对金属点以及运动目标的成像方法，并进行了外场实验验证；王海青、李彧晟等提出了一种基于尺度变换的极坐标格式的虚拟孔径成像算法；Pastina、Bucciarelli 等进一步研究了 MIMO－ISAR 成像，提出了 MIMO－ISAR 成像的改进算法，并利用实测多通道数据进行了验证；柴守刚等从分布式雷达成像的角度研究了 MIMO－ISAR 成像，建立了 MIMO－ISAR 成像的一般模型，提出了基于压缩感知的 MIMO－ISAR 成像算法；另外，杨建超、陈刚等还分别从数据重排、目标转速估计等方面对 MIMO－ISAR 成像技术进行了研究；高强、薛乐等还针对 Ma 提出的 MIMO－ISAR 成像算法中所需的图像对准提出了一种基于图像熵最小的图像对准算法。

综上所述，MIMO－ISAR 成像的提出既是成像技术发展的迫切要求，又是雷达新体制不断创新的必然结果。由于 MIMO－ISAR 是 ISAR 技术与 MIMO 雷达技术的结合，因而它兼具二者在成像上的优点。MIMO－ISAR 通过空－时联合采样，将成像所需的阵列孔径长度在空间和时间合理分配，因而可在保持分辨力的情况下，减小成像积累时间，降低成像对目标运动的依赖；同时，可通过时间采样数据填充 MIMO 雷达稀疏阵列来满足空间采样要求，减小 MIMO 雷达阵列规模，降低成像对阵列结构与波形设计的要求。同时，随着 MIMO－ISAR 的进一步发展，也有很多技术难题需要解决。

1.3 MIMO－ISAR 成像关键问题

如前所述，MIMO－ISAR 成像技术在复杂目标成像方面相较传统 ISAR 更有优势，应用前景更为光明。而且，MIMO－ISAR 自提出以来，国内外学者对其展开了很多研究，已有很多文献见诸报端。但是总体而言，研究仍处于初步理论探索阶段，诸多问题亟待解决。总结现有文献，对于 MIMO－ISAR 成像技术的研究，主要包括以下几个关键问题。

1. 阵列设计

由 1.2 节分析可知，MIMO 雷达阵列结构不仅与其空间采样能力相关，而且对后续的成像处理至关重要。传统阵列设计方法较多，比如最小冗余阵列、最小旁瓣等，这在 1.2 节中已做叙述，此处不再重复。对于 MIMO－ISAR 成像的阵列设计，不仅要考虑天线波束、阵列冗余等因素，而且要考虑信号处理的复杂程度。对于不同的阵列，MIMO－ISAR 的回波数据结构复杂程度不同，复杂的数据结构显然会大大增加成像信号处理的难度，因而在设计阵列时要考虑到这一点。同时考虑多个因素以获得最优化的阵列，对阵列设计来说是一个新的课题。

2. 波形设计与分离

MIMO－ISAR 成像要求发射波形除了具有一般 MIMO 雷达发射波形所要求的正交性，还要求正交波形带宽足够大，以满足距离高分辨。另外，在波形设计时，为满足成像要求，还须将波形之间的互相关噪声考虑在内。MIMO－ISAR 成像的正交波形设计问题与传统 MIMO 雷达正交波形设计相比，需要考虑的因素更多，对波形的设计要求也更为严格。因此，MIMO－ISAR 成像的正交波形设计问题是成像研究中的一个重要课题。

除了波形设计，MIMO－ISAR 的波形分离也是一个关键问题。由于正交波形并不能满足严格意义上的正交，因而在多波形、多散射点条件下，MIMO－ISAR 成像的正交波形分离将会引入大量的互相关噪声，使得距离分辨力变差，不能够满足成像要求。目前，针对正交波形分离的研究已有部分文献发表，比如限幅法、基于 CLEAN 思想的分离方法、基于滤波器设计的分离方法以及基于发射波形调制的分离方法等。但是这些方法仅仅适用于某些特殊应用场景，并不能包含所有应用场景，因而对于正交波形分离方法的研究仍有待进一步深入。

3. 运动误差补偿

在 MIMO－ISAR 成像中，虽然简化了目标的运动形式，但是由于 MIMO 雷达阵列具有方向性，因而 MIMO－ISAR 成像的运动误差除了包含传统的平动误差之外，还会在目标运动与阵列方向不一致时，存在目标垂直阵列方向运动的运动误差。该部分误差虽然与散射点的横向位置无关，但是与散射点的距离单元有关，是一种空变的误差，传统的 ISAR 运动补偿方法将不再适用。由于 MIMO－ISAR 运动误差包含多种形式的运动误差，因而必须研究一种新的运动误差补偿方法。

另外，由于 MIMO－ISAR 成像数据为空－时二维数据，在进行成像处理时，不可避免地要进行空时等效。但是由于目标的非合作性,目标的运动参数估计存在误差,造成空时等效存在误差,影响最终的成像质量。因而,空时等效误差的补偿校正问题也是 MIMO – ISAR 运动误差补偿中需要考虑的一个重要问题。对于这两类误差补偿问题的研究,本书将在第 3 章、第 4 章进行详细阐述。

4. 参数估计

MIMO – ISAR 中的参数估计问题涉及运动补偿、数据重排、数据均匀化处理以及横向定标等,是 MIMO – ISAR 成像中的关键问题之一。关于传统 ISAR 参数估计的研究有很多,比如常见的转速估计以及运动误差估计等。但是,由于 MIMO – ISAR 成像数据结构复杂,横向采样非均匀,传统的估计方法不再适用。陈刚等对这一问题进行了相关研究,但仍须进一步深入研究。

5. 成像方法

对于 MIMO – ISAR 成像方法的研究,目前见诸文献的有 R – D 算法、基于图像融合的 MIMO – ISAR 成像方法以及 MIMO – ISAR 时域成像算法。但是,这些方法的研究不够深入,对成像模型的假设比较理想化,诸多影响成像的因素并没有考虑在内,对 MIMO – ISAR 成像方法的研究还须进一步扩展。本书针对 MIMO – ISAR 的成像方法问题展开研究,具体阐述见第 5 章和第 6 章。

第2章　MIMO－ISAR二维成像建模及分析

2.1　引　　言

MIMO－ISAR采用MIMO雷达阵列对目标进行多通道观测，可获得更丰富的目标回波信息、更高的方位分辨力，对目标运动依赖减小，因此MIMO－ISAR成像是当前对高机动、微转动等复杂运动目标高分辨成像的有效方法之一，值得深入、系统地研究。

MIMO－ISAR成像系统包括硬件与软件两部分。其中，硬件部分主要由正交波形设计与分选，阵列结构，空间、频率和时间同步以及系统显控构成，波形与阵列结构对雷达来说可认为是固定的，本书主要研究相关MIMO雷达成像；软件部分也是本书工作的重点，软件主要是指成像算法，包括成像过程中的数据重排、均匀化处理、运动补偿等，因而本书工作都是在硬件和软件条件满足的前提下展开的。

MIMO－ISAR的回波模型是研究的基础，建立有效的回波模型对MIMO－ISAR成像算法研究尤为重要。Pastina、柴守刚等分别从不同的角度建立了MIMO－ISAR的回波模型，并在此基础上对MIMO－ISAR成像进行了研究，但归结起来，问题主要体现在以下两个方面：一方面，现有文献大都是利用PCA原理进行等效处理，虽然能够简化分析但却忽略了收发阵元与目标间的三角关系，建立的回波模型无法对目标与雷达间的相对运动、成像几何畸变、图像定标进行有效的描述，而且PCA引入的等效误差会大大影响MIMO－ISAR的成像质量；另一方面，多数文献的研究仍局限于目标运动轨迹位于收、发视线确定的平面内这一特殊情形，对目标在空间做三维运动的情形研究不够。因此，系统研究MIMO－ISAR成像原理，建立有效的回波模型，对于成像研究意义重大。

本章首先介绍了使用R－D算法进行MIMO－ISAR成像的基本原理，给出了理想成像模型；其次在三维空间建立MIMO－ISAR二维成像的目标精确运动模型、PCA 等效运动模型，通过对目标运动的分解与合成，讨论了精确模型、PCA 等效运动模型与理想成像模型之间的关系，并建立了 MIMO－ISAR 二维成像的回波模型；再次，从运动误差补偿、成像数据均匀性以及 MIMO－ISAR 二维成像的成像平面三个角度对回波模型进行了分析，得出 MIMO－ISAR 二维成像中需要解决的关键问题。最后，对本章内容进行了小结。

2.2 MIMO－ISAR 二维成像原理

本节从传统转台模型角度出发，阐述理想情况下 MIMO－ISAR 成像的基本原理。假设 MIMO 雷达阵列发射阵元数为 M，间距为 d_{t}；接收阵元数为 N，间距为 d_{r}；发射阵列与接收阵列间隔为 d_{tr}。根据 PCA 原理，一对收发分置的阵元组合，可以由位于它们中间位置的一个自发自收的阵元进行等效，此时 M 发 N 收的 MIMO 雷达阵列可以等效为阵元数为 MN 的自发自收阵列。通过合理的阵列设计，可以得到有利于 MIMO－ISAR 成像的阵列结构，Zhu 等就通过 PCA 原理设计了一种等效阵列，该阵列为均匀线阵的阵列结构，用于 MIMO－ISAR 成像。

图 2.1 给出了三维目标在平面 xOy 内的投影，目标以转速 $\boldsymbol{\Omega}$ 在平面内转动，MIMO 雷达等效阵列均匀分布在以 O 为圆心，R_0 为半径的圆弧上，相邻阵元间的雷达视线夹角为 β。目标上任意点 (x_q, y_q) 到第 l 个阵元的距离为

$$R_{l,q} \approx R_0 + x_q \sin(\beta_l + \theta(t)) + y_q \cos(\beta_l + \theta(t)), \quad l = 1, 2, \cdots, L \tag{2.1}$$

式中　R_0——阵元与目标参考中心的距离；

β_l——目标参考中心和第 l 个等效阵元的连线与 y 坐标轴间的夹角。

由于阵元间隔相等，因此相邻阵元夹角是相等的，则 $\beta_l = \beta_1 + (l-1)\beta$，代入公式(2.1)可得：

$$\begin{aligned} R_{l,q} \approx R_0 + x_q \sin(\beta_1 + (l-1)\beta + \theta(t)) + \\ y_q \cos(\beta_l + (l-1)\beta + \theta(t)), \quad t \in [0, T_{\mathrm{p}}] \end{aligned} \tag{2.2}$$

式中 T_{p}——成像积累时间。

令 $T = \dfrac{\beta}{\Omega}$，在目标做匀速旋转时，可将式(2.2)转化为 l、t 的函数：

$$\begin{aligned} R_q(l,t) \approx R_0 + x_q \sin(\beta_1 + \Omega((l-1)T + t)) + \\ y_q \cos(\beta_l + \Omega((l-1)T + t)), \quad t \in [0, T_{\mathrm{p}}] \end{aligned} \tag{2.3}$$

若将成像积累时间设为 $T_{\mathrm{p}} = T$，将回波信号按照阵列位置依次排列，那么回波相位的表示形式为

$$\varphi(t)=-\frac{4\pi}{\lambda}[R_0+x_q\sin(\beta_l+\Omega t)+y_q\cos(\beta_l+\Omega t)],\quad t\in[0,LT] \tag{2.4}$$

式中　LT——目标积累时间。

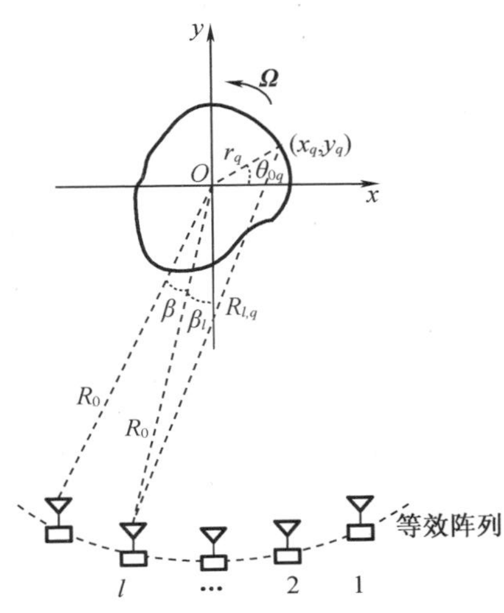

图 2.1　MIMO - ISAR 成像转台模型

该公式与传统 ISAR 成像转台模型下的相位变化形式相同，也就是说，MIMO - ISAR 成像可以通过相位拼接的方式，将多通道的回波数据转换成 ISAR 转台模型的数据形式。此时，可以利用 ISAR 成像的方法对 MIMO - ISAR 进行分析。

依据 ISAR 成像原理，目标积累时间 LT 很小时，就可以满足横向分辨力的要求。不妨设 $\beta_l=0$，则式(2.4)可做以下近似处理：

$$\varphi(t)\approx-\frac{4\pi}{\lambda}[R_0+x_q\Omega t+y_q],\quad t\in[0,LT] \tag{2.5}$$

由式(2.5)可以看出，目标的转动只与 x_q 有关，且呈线性变化，因此，在 $\varphi(t)>2\pi$ 时，可以通过傅里叶变换区分不同横向位置的散射点。那么，信号的多普勒分辨力也就代表了成像的横向分辨力。由于 $t\in[0,LT]$，回波在横向上为有限长信号，它的多普勒分辨力一般可以表示为积累时间的倒数，那么 MIMO - ISAR 成像的横向分辨力为

$$\rho_a=\frac{\lambda}{2\Omega LT} \tag{2.6}$$

由式(2.6)可知，在理想 MIMO - ISAR 成像模型下，横向分辨力的大小与阵

列参数以及成像积累时间有关。同时，若横向分辨力一定，MIMO－ISAR 的成像积累时间可减小为 ISAR 成像时间的$\frac{1}{L}$。

距离像分辨力 $\rho_{\rm r}$ 则通过发射宽带信号，经匹配滤波处理获得：

$$\rho_{\rm r}=\frac{c}{2B} \tag{2.7}$$

式中　B——信号带宽；

　　　c——光速。

与 ISAR 成像类似，在目标积累时间 LT 较小时，可以进行上述推导。若 LT 大于一定值，则会出现散射点分辨单元走动，此时若仍采用 R－D 算法成像，则会使成像模糊。为避免这一现象，须通过信号波长与雷达分辨力等参数对目标尺寸大小进行约束。对满足尺寸要求的目标，直接使用 R－D 算法进行成像，对不满足条件的，则需要进行分辨单元走动校正，即：

$$\begin{cases} L_{\rm r}<\dfrac{2\rho_{\rm a}^2}{\lambda} \\ L_{\rm a}<\dfrac{2\rho_{\rm a}\rho_{\rm r}}{\lambda} \end{cases} \tag{2.8}$$

式中　$L_{\rm r}$、$L_{\rm a}$——方位像与距离像散射点距离参考中心的坐标。

显然，本节所述的 MIMO－ISAR 成像模型，在实际应用中基本很难出现。实际上，运动目标径向距离的变化不仅包括由转动引起的，还包括由目标的平动引起的，MIMO 雷达阵列阵元位置的变化同样会引起目标距离的变化。这些都是影响 MIMO－ISAR 成像的非理想因素。除此之外，在阵列设计方面，由于目标具有非合作性，无法设计一个如图 2.1 所示的圆弧形阵列。因此，需要建立更为符合实际的 MIMO－ISAR 成像模型并进行分析，为 MIMO－ISAR 成像方法研究奠定基础。

2.3　MIMO－ISAR 回波建模及分析

2.3.1　三维空间 MIMO－ISAR 二维成像目标运动建模

首先，建立 MIMO－ISAR 二维成像的目标精确运动模型。在三维空间中，MIMO－ISAR 成像精确运动模型如图 2.2 所示，阵列发射阵元数为 M，间距为 $d_{\rm t}$；接收阵元数为 N，间距为 $d_{\rm r}$；发射阵列与接收阵列间隔为 $d_{\rm tr}$。Q 为目标上任意一散射点,初始时刻 Q 点坐标为(x,y,z),目标的参考中心 O'坐标为(x_0,y_0,z_0),目标平稳运动,速度为 $\boldsymbol{v}$。以目标的参考中心 O'为原点,建立目标坐标系 $x'-y'-z'$,坐标轴方向与 x、y、z 一致,x'、y'、z'坐标轴与目标固连。

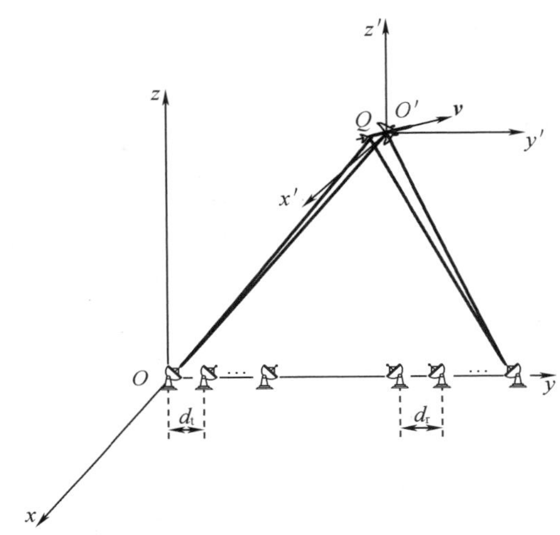

图 2.2　MIMO - ISAR 成像精确运动模型

那么,t 时刻 Q 点到第 m 个发射阵元与第 n 个接收阵元的距离矢量分别为

$$\begin{cases}\boldsymbol{R}_m(t)=\boldsymbol{R}_{m0}(0)+\boldsymbol{v}t-(m-1)d_t\boldsymbol{e}_y\\ \boldsymbol{R}_n(t)=\boldsymbol{R}_{n0}(0)+\boldsymbol{v}t-(n-1)d_r\boldsymbol{e}_y\end{cases}\tag{2.9}$$

式中　$\boldsymbol{R}_m(t)$、$\boldsymbol{R}_n(t)$——Q 点至发射阵元、接收阵元的距离矢量;

$\boldsymbol{R}_{m0}(0)$、$\boldsymbol{R}_{n0}(0)$——零时刻 Q 点到发射、接收参考阵元的距离矢量;

$\boldsymbol{e}_y$——y 轴方向向量。

那么,Q 点在 t 时刻到第 m 个发射阵元与第 n 个接收阵元的距离和为

$$\boldsymbol{R}(t)=\|\boldsymbol{R}_m(t)\|+\|\boldsymbol{R}_n(t)\|\tag{2.10}$$

式(2.10)即为 MIMO - ISAR 成像目标运动的精确表达式,$\|\cdot\|$表示矢量的模。

由于目标位于远场区,阵列尺寸远小于目标与阵列之间的距离,因而可以利用 PCA 原理,将 MIMO 阵列等效为 MN 阵元的自发自收阵列,如图 2.3 所示。

为方便讨论分析,假设 PCA 等效理想,不存在误差(仅为分析,成像过程中必须考虑 PCA 等效误差的补偿问题)。在三维直角坐标系内建立 MIMO 雷达等效阵列条件下的 MIMO - ISAR 成像几何模型,如图 2.3 所示,MIMO 雷达等效阵列均匀分布于 y 坐标轴上,阵列的阵元数为 L,间距为 d,参考阵元位于坐标

原点。那么，Q 点相对于第 l 个发射阵元的距离矢量变化为

$$\boldsymbol{R}_l(t)=\boldsymbol{R}_0(0)+\boldsymbol{v}t-(l-1)d\boldsymbol{e}_y \tag{2.11}$$

式中　$\boldsymbol{R}_0(0)$——Q 点在零时刻相对于参考阵元的距离矢量；

$l=1,2,\cdots,L$。

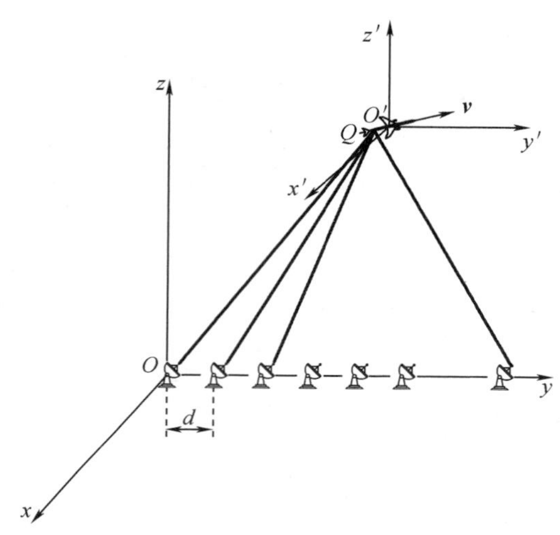

图 2.3　MIMO－ISAR 等效阵列成像几何模型

由式(2.11)可知，散射点距离的变化不仅与目标运动有关，还与阵元位置有关。式(2.11)中的第一项可认为是常矢量，不做考虑；第二项为目标运动矢量，该运动可分解为目标的平动与转动，且其只与时间变化有关，称之为时间变化矢量；第三项为阵元位置变化矢量，该项只与阵元间隔、阵元数有关，称之为空间变化矢量。

首先，探讨一下时间变化矢量。由于刚体目标的运动可以分解为平动和转动两部分，因此可得：

$$\boldsymbol{v}=\boldsymbol{v}_{\mathrm{s}}+\boldsymbol{\omega}\times\boldsymbol{r} \tag{2.12}$$

式中　$\boldsymbol{v}_{\mathrm{s}}$——目标平动速度；

$\boldsymbol{\omega}$——目标的转动速度；

$\boldsymbol{r}$——Q 点坐标；

“×”——叉乘运算。

由式(2.12)可以看出，目标平动与散射点位置无关，对成像没有益处，可通过统一的相位因子予以补偿。对于平稳运动的目标，转动速度 $\boldsymbol{\omega}$ 为

$$\boldsymbol{\omega}=\frac{\boldsymbol{n}_l(t)\times\boldsymbol{v}}{\|\boldsymbol{R}_l(t)\|} \tag{2.13}$$

式中　$\boldsymbol{n}_l(t)$——$\boldsymbol{R}_l(t)$的单位矢量；

$\|\cdot\|$——矢量的模。

其次，对于空间变化矢量，可采用空时等效与运动的相对性进行分析。令 $T=\frac{d}{\|\boldsymbol{v}\|}$，根据式(2.11)，MIMO 雷达等效阵列可以看作阵元以速度$\|\boldsymbol{v}\|\boldsymbol{e}_y$，时间间隔 T 做匀速直线运动，目标积累时间为$(M-1)T$。再根据运动的相对性，阵元位置的变化与目标相对于参考阵元以速度 $-\|\boldsymbol{v}\|\boldsymbol{e}_y$ 运动等效。基于上述分析，空间变化矢量同样可以分解成平动分量与转动分量两部分：

$$\boldsymbol{v}_y=-\|\boldsymbol{v}\|\boldsymbol{e}_y=\boldsymbol{v}_{ys}+\boldsymbol{\omega}_{ys}\times\boldsymbol{r} \tag{2.14}$$

同理，可计算空间变化矢量引起的转动为

$$\boldsymbol{\omega}_{ys}=\frac{\boldsymbol{n}_l(t)\times\boldsymbol{v}_{ys}}{\|\boldsymbol{R}_l(t)\|} \tag{2.15}$$

将式(2.12)～式(2.15)代入式(2.11)可得：

$$\begin{aligned}\boldsymbol{R}_l(t)=&\boldsymbol{R}_0(0)+\boldsymbol{v}_s t+\boldsymbol{v}_{ys}(l-1)T+\\&\left[\frac{\boldsymbol{n}_l(t)\times\boldsymbol{v}}{\|\boldsymbol{R}_l(t)\|}\times\boldsymbol{r}\right]t+\left[\frac{\boldsymbol{n}_l(t)\times\boldsymbol{v}_y}{\|\boldsymbol{R}_l(t)\|}\times\boldsymbol{r}\right](l-1)T\end{aligned} \tag{2.16}$$

那么，随着目标的运动，散射点 Q 相对阵元 l 的距离为

$$R_l(t)=\|\boldsymbol{R}_l(t)\|=\boldsymbol{R}_l(t)\cdot\boldsymbol{n}_l(t)\approx\boldsymbol{R}_l(t)\cdot\boldsymbol{n}_{l0}(t) \tag{2.17}$$

式中　“·”——点乘运算；

$\boldsymbol{n}_{l0}$——目标参考中心相对于阵元 l 的雷达视线方向矢量，$\boldsymbol{n}_{l0}(t)=\frac{[\boldsymbol{R}_0(0)+\boldsymbol{v}_s t-\boldsymbol{v}_{ys}(l-1)T]}{\|\boldsymbol{R}_0(0)+\boldsymbol{v}_s t-\boldsymbol{v}_{ys}(l-1)T\|}$。

由于目标位于远场区，目标距离远大于目标尺寸，因而可以用 $\boldsymbol{n}_{l0}(t)$ 对 $\boldsymbol{n}_l(t)$ 近似，那么：

$$\begin{aligned}R_l(t)&\approx\boldsymbol{R}_l(t)\cdot\boldsymbol{n}_{l0}(t)\\&=\|\boldsymbol{R}_0(0)+\boldsymbol{v}_s t-\boldsymbol{v}_{ys}(l-1)T\|+\boldsymbol{n}_{l0}(t)\cdot\left[\frac{\boldsymbol{n}_l(t)\times\boldsymbol{v}}{\|\boldsymbol{R}_l(t)\|}\times\boldsymbol{r}\right]t+\\&\quad\boldsymbol{n}_{l0}(t)\cdot\left[\frac{\boldsymbol{n}_l(t)\times\boldsymbol{v}_y}{\|\boldsymbol{R}_l(t)\|}\times\boldsymbol{r}\right](l-1)T\\&=R_s(t)+R_o(t,T)\end{aligned} \tag{2.18}$$

式(2.18)中，$R_s(t)$表示目标平动引起的径向距离变化，对目标上所有散射点均相同，这部分运动对成像无益，可以通过平动补偿方法进行消除。此处，假

设目标平动已完全补偿，只对目标转动引起的距离变化 $R_o(t,T)$ 进行分析。式(2.18)中的 $R_o(t,T)$ 包含两部分，一个是时间变化矢量引起的转动效应，另一个是空间变化矢量引起的转动效应。对 $R_o(t,T)$ 进一步推导有：

$$\begin{aligned} R_o(t,T) &= \boldsymbol{r}\cdot\left[\frac{\boldsymbol{n}_l(t)\times\boldsymbol{v}}{\|\boldsymbol{R}_l(t)\|}\times\boldsymbol{n}_{l0}(t)\right]t+\boldsymbol{r}\cdot\left[\frac{\boldsymbol{n}_l(t)\times\boldsymbol{v}_y}{\|\boldsymbol{R}_l(t)\|}\times\boldsymbol{n}_{l0}(t)\right](l-1)T \\ &= \frac{\|\boldsymbol{v}\|}{\|\boldsymbol{R}_l(t)\|}[\boldsymbol{r}\cdot(\boldsymbol{n}_l(t)\times\boldsymbol{n}_v\times\boldsymbol{n}_{l0}(t))t+\boldsymbol{r}\cdot \\ &\quad [\boldsymbol{n}_l(t)\times(-\boldsymbol{e}_y)\times\boldsymbol{n}_{l0}(t)](l-1)T \end{aligned} \tag{2.19}$$

式中　$\boldsymbol{n}_v$——速度 $\boldsymbol{v}$ 的单位矢量。

令 $\boldsymbol{n}_t=[\boldsymbol{n}_l(t)\times\boldsymbol{n}_v\times\boldsymbol{n}_{l0}(t)]t$，$\boldsymbol{n}_T=[\boldsymbol{n}_l(t)\times(-\boldsymbol{e}_y)\times\boldsymbol{n}_{l0}(t)](l-1)T$，如果 $\boldsymbol{n}_t=\boldsymbol{n}_T$，那么式(2.17)可转化为

$$R_o(t,T)=\frac{\|\boldsymbol{v}\|}{\|\boldsymbol{R}_l(t)\|}\boldsymbol{r}\cdot\boldsymbol{n}_t[t+(l-1)T] \tag{2.20}$$

此时，若选择成像积累时间 $T_p=T$，那么式(2.20)即为 MIMO－ISAR 的理想模型。由于 $\boldsymbol{n}_t=\boldsymbol{n}_T$ 与 $\boldsymbol{n}_v=-\boldsymbol{e}_y$ 等价，那么在满足 $\boldsymbol{n}_v=-\boldsymbol{e}_y$ 时，可以通过平动补偿将 MIMO－ISAR 一般模型转化成理想模型。但是，实际上由于目标的非合作性，$\boldsymbol{n}_v$ 并不总是与 $-\boldsymbol{e}_y$ 相等，$\boldsymbol{n}_v\neq-\boldsymbol{e}_y$ 才是更为普遍的情形。下面就对 $\boldsymbol{n}_v\neq-\boldsymbol{e}_y$ 时 MIMO－ISAR 的成像模型进行分析。

若 $\boldsymbol{n}_v\neq-\boldsymbol{e}_y$，则式(2.19)的距离变化将变得复杂，为此，本书对目标运动分解进行分析。令 $\boldsymbol{n}_v=\boldsymbol{n}_{vy}+\boldsymbol{n}_{v\perp}$，$\boldsymbol{n}_{vy}$ 表示 $\boldsymbol{n}_v$ 在 $-\boldsymbol{e}_y$ 方向的矢量分量，$\boldsymbol{n}_{v\perp}$ 表示 $\boldsymbol{n}_v$ 垂直 $-\boldsymbol{e}_y$ 方向的矢量分量，那么式(2.17)可化为

$$\begin{aligned} R_o(t,T) &= \frac{\|\boldsymbol{v}\|}{\|\boldsymbol{R}_l(t)\|}\{\boldsymbol{r}\cdot[\boldsymbol{n}_l(t)\times\boldsymbol{n}_{vy}\times\boldsymbol{n}_{l0}(t)]t+\boldsymbol{r}\cdot[\boldsymbol{n}_l(t)\times(-\boldsymbol{e}_y)\times \\ &\quad \boldsymbol{n}_{l0}(t)](l-1)T\}+\frac{\|\boldsymbol{v}\|}{\|\boldsymbol{R}_l(t)\|}\boldsymbol{r}\cdot[\boldsymbol{n}_l(t)\times\boldsymbol{n}_{v\perp}\times\boldsymbol{n}_{l0}(t)]t \end{aligned} \tag{2.21}$$

由式(2.21)可知，对于 $\boldsymbol{n}_v\neq-\boldsymbol{e}_y$ 时的情形，可将目标运动矢量分解成阵列方向分量，即为式中第一项，这里称为平行分量；垂直阵列方向分量，即为式中第二项，这里称为垂直分量。

显然，第一项与理想模型相同，可通过选择适当的积累时间进行 MIMO－ISAR 成像；而第二项则对第一项形成干扰，若希望将 MIMO－ISAR 成像转化成理想模型，则必须消除该项的影响。

2.3.2　MIMO－ISAR 二维成像回波模型

假设 MIMO－ISAR 雷达发射 M 个相互正交的同频宽带信号，本书选用相

位编码信号，设第 m 个发射阵元的相位编码信号为

$$s_m(\hat{t}) = \exp[\mathrm{j}\varphi_m(\hat{t})] \cdot \exp(\mathrm{j}2\pi f_c \hat{t}), \quad m = 1,2,3,\cdots,M \tag{2.22}$$

式中，$\hat{t}$ 表示快时间，全时间 $t = \hat{t} + t_{\mathrm{p}}$，$t_{\mathrm{p}} = pT$，表示慢时间，$p = 1,2,3,\cdots,P$，$T$ 为脉冲重复周期。

这组相位编码信号满足：

$$\int s_i(\hat{t}) \cdot s_j^*(\hat{t})\mathrm{d}\hat{t} = \begin{cases} C, & i \neq j \\ 0, & i = j \end{cases} \quad i,j = 1,2,3,\cdots,M \tag{2.23}$$

式(2.23)即表示相位编码信号在时域相互正交，C 为非零常数。

通常目标的运动速度远小于电磁波在空气中的传播速度，因此在雷达一次探测期间，近似认为目标静止，即此时的目标运动采用停 - 走(stop - go)模型。假设目标上有 Q 个散射点，对应的散射系数为 ξ_q，$q = 1,2,3,\cdots,Q$，那么去载频的目标回波信号为

$$y_n(\hat{t},t_{\mathrm{p}}) = \sum_{m=1}^{M}\sum_{q=1}^{Q}\xi_q \cdot \exp\{\mathrm{j}\varphi_m[\hat{t} - \tau_{mqn}(t_{\mathrm{p}})]\} \cdot \exp[-\mathrm{j}2\pi f_c \tau_{mqn}(t_{\mathrm{p}})] \tag{2.24}$$

式中，$\tau_{mqn}(t_{\mathrm{p}}) = \dfrac{(\|\boldsymbol{R}_m(t_{\mathrm{p}})\| + \|\boldsymbol{R}_n(t_{\mathrm{p}})\|)}{c}$，$c$ 为光速。

回波信号经过匹配滤波器组之后，回波分选为 MN 路信号：

$$y_{mn}(\hat{t},t_{\mathrm{p}}) \approx \sum_{q=1}^{Q}\xi_q \cdot s_m[\hat{t} - \tau_{mqn}(t_{\mathrm{p}})] \cdot \exp[-\mathrm{j}2\pi f_c \tau_{mqn}(t_{\mathrm{p}})] \tag{2.25}$$

式中，$s_m(\hat{t})$ 为 $\exp[\mathrm{j}\varphi_m(\hat{t})]$ 的匹配滤波结果，即一维距离像。

因此，在接收端经过匹配滤波之后，全时间上可以获得 $MN \times P$ 个距离像，MINO - ISAR 一维像数据结构示意图如图 2.4 所示，成像数据分布在空 - 时二维。由于目标具有非合作性，因而空 - 时二维数据相互之间采样间隔并不确定，造成数据结构非常复杂。

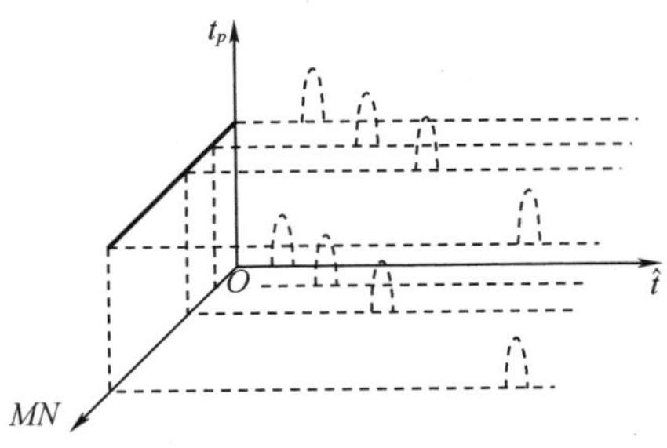

图 2.4　MIMO - ISAR 一维像数据结构示意图

由于这 $MN \times P$ 个距离像数据都具有图钉状的波形，主瓣高度与宽度都完全相同，只是在旁瓣上有细微的差别，因而对于 $\forall m, s_m(\hat{t}) \approx \hat{s}(\hat{t})$。那么，式(2.25)可改写为

$$y_{mn}(\hat{t}, t_p) = \sum_{q=1}^{Q} \xi_q \cdot s[\hat{t} - \tau_{mqn}(t_p)] \cdot \exp[-j2\pi f_c \tau_{mqn}(t_p)] \tag{2.26}$$

式(2.26)即为 MIMO - ISAR 精确回波模型。该模型在建立过程中，对目标运动、阵列结构以及运动方向与阵列之间的几何关系都没有做近似处理，因此可以描述任何阵列构型下的 MIMO - ISAR 成像回波。

若 MIMO - ISAR 成像采用的是共址 MIMO 雷达阵列，阵列尺寸远小于目标与阵列之间距离，可以采用 PCA 原理对 MIMO 雷达阵列进行等效处理，而对于分布式 MIMO 雷达阵列，则不能采用该近似处理。由于本书针对共址 MIMO 雷达阵列条件下的 MIMO - ISAR 成像进行研究，因而可对 MIMO 雷达阵列进行近似处理，以方便分析。综合上述分析，PCA 等效阵列条件下的 MIMO - ISAR 的回波模型为

$$y_l(\hat{t}, t_p) = \sum_{q=1}^{Q} \xi_q \cdot s[\hat{t} - \tau_{lq}(t_p)] \cdot \exp[-j2\pi f_c \tau_{lq}(t_p)] \tag{2.27}$$

式中，$\tau_{lp}(t_p) = \dfrac{2R_l(t)}{c}$。

那么，由此可得平动补偿之后的目标回波模型为

$$y'_l(\hat{t}, t_p) = \sum_{q=1}^{Q} \xi_q \cdot s[\hat{t} - \tau_{lq}(0)] \cdot \exp[-j2\pi f_c \tau'_{lq}(t_p)] \tag{2.28}$$

式中 $\tau_{lq}(0)$——参考中心距离像散射点对应的时延；

$\tau'_{lq}(t_p)$——目标转动效应引起的时延，$\tau'_{lq}(t_p) = \dfrac{2R_o(t, T)}{c}$。

2.3.3 垂直运动分量对回波的影响分析

由第 2.3.2 节建模可知，在目标飞行速度与阵列方向不平行时，回波信号平动补偿之后不再是理想的 MIMO - ISAR 成像模型。通过目标运动矢量分解，可以将目标运动矢量分解为平行分量与垂直分量两部分。由 MIMO - ISAR 二维成像原理可知，目标运动矢量的垂直分量对成像无益，而且由于垂直分量会引起回波相位的变化，因而该部分的相位变化会对 MIMO - ISAR 造成干扰。下面对垂直分量对 MIMO - ISAR 的影响做定量分析。

由于垂直分量引起回波相位的变化主要是对横向成像造成影响，为简化分析，此处只分析回波的相位变化，MIMO - ISAR 成像的相位可表示为

$$\begin{aligned}\varphi(t_p,l) &= -\frac{4\pi}{\lambda}R_o(t_p,T)\\ &= -\frac{4\pi}{\lambda}\Big(\frac{\|\boldsymbol{V}\|}{\|\boldsymbol{R}_l(t_p)\|}\{\boldsymbol{r}\cdot[\boldsymbol{n}_l(t_p)\times\boldsymbol{n}_{vy}\times\boldsymbol{n}_{l0}(t_p)]t_p+\boldsymbol{r}\cdot[\boldsymbol{n}_l(t_p)\times\\ &\quad(-\boldsymbol{e}_y)\times\boldsymbol{n}_{l0}(t_p)](l-1)T\}\Big)-\\ &\quad\frac{4\pi}{\lambda}\Big\{\frac{\|\boldsymbol{V}\|}{\|\boldsymbol{R}_l(t_p)\|}\boldsymbol{r}\cdot[\boldsymbol{n}_l(t_p)\times\boldsymbol{n}_{v\perp}\times\boldsymbol{n}_{l0}(t_p)]t_p\Big\}\end{aligned}\tag{2.29}$$

令 $\boldsymbol{n}_1=\boldsymbol{n}_l(t_p)\times\boldsymbol{n}_{vy}\times\boldsymbol{n}_{l0}(t_p)$，$\boldsymbol{n}_2=\boldsymbol{n}_l(t_p)\times(-\boldsymbol{e}_y)\times\boldsymbol{n}_{l0}(t_p)$，$\boldsymbol{n}_3=\boldsymbol{n}_l(t_p)\times\boldsymbol{n}_{v\perp}\times\boldsymbol{n}_{l0}(t_p)$，$\omega_0=\dfrac{\|\boldsymbol{V}\|}{\|\boldsymbol{R}_l(t_p)\|}$，那么式(2.29)可表示为

$$\begin{aligned}\varphi(t_p,l) &= -\frac{4\pi}{\lambda}R_o(t_p,T)\\ &= -\frac{4\pi}{\lambda}[\boldsymbol{r}\cdot\boldsymbol{n}_1\omega_0t_p+\boldsymbol{r}\cdot\boldsymbol{n}_2\omega_0(l-1)T]-\frac{4\pi}{\lambda}\boldsymbol{r}\cdot\boldsymbol{n}_3\omega_0t_p\end{aligned}\tag{2.30}$$

由于 $\boldsymbol{n}_{vy}$ 与 $-\boldsymbol{e}_y$ 方向相同，式(2.30)中，$\boldsymbol{n}_1/\!/\boldsymbol{n}_2$、$\boldsymbol{n}_1\perp\boldsymbol{n}_3$，若目标速度与阵列的夹角大小为 θ，则 $\|\boldsymbol{n}_1\|=\cos\theta\|\boldsymbol{n}_2\|$，$\|\boldsymbol{n}_3\|=\sin\theta\|\boldsymbol{n}_2\|$，那么式(2.30)可以表示为

$$\varphi(t_p,l)=-\frac{4\pi}{\lambda}x_1\omega_0[\cos\theta t_p+(l-1)T]-\frac{4\pi}{\lambda}x_2\omega_0t_p\tag{2.31}$$

显然，式(2.31)中第一项与 MIMO－ISAR 成像理想模型一致，只需选择适当的参数即可成为 MIMO－ISAR 理想模型。由于此处研究的重点是目标运动垂直分量的影响，即式(2.31)的第二项，因此假设第一项参数选择恰好符合理想模型要求，那么式(2.31)可重写为

$$\varphi(t_p,l)=-\frac{4\pi}{\lambda}x_1\omega_1[t_p+(l-1)T]-\frac{4\pi}{\lambda}x_2\omega_2t_p\tag{2.32}$$

将 MIMO－ISAR 成像的 L 个通道回波进行排列可得：

$$\varphi(t_p)=-\frac{4\pi}{\lambda}x_1\omega_1t_p-\varphi_e(t_p),\quad t_p\in[0,LT]\tag{2.33}$$

式(2.33)中，$\varphi_e(t_p)$表示目标运动垂直分量引起的相位误差。显然，若存在该相位误差，将会大大影响回波的相干性，造成成像质量下降，甚至不能成像。因此，消除目标垂直分量的影响成为 MIMO－ISAR 成像的关键步骤。

下面对相位误差模型进行进一步分析。由式(2.32)可知，该相位误差主要与 x_2、ω_2、t_p 三个量有关，其中，ω_2 为常量，x_2、t_p 为变量，根据回波相干性条件，若 $|\varphi|<\dfrac{\pi}{2}$，则此相位差可以直接忽略不计。

依据此条件,若波长为 0.03 m,对于转速为 0.002 rad/s 的目标,可以画出相位误差函数的等相位线,如图 2.5 所示。由图 2.5 可以看出相位随目标尺寸和成像积累时间的增大而增大,目标尺寸与成像积累时间的变化成反比,满足相位小于$\frac{\pi}{2}$的区域比较小,对大部分目标而言很难直接忽略垂直分量引起的相位误差。由此可见,消除 MIMO – ISAR 成像中目标运动垂直分量引起的相位差对成像的影响是 MIMO – ISAR 成像的关键环节之一。

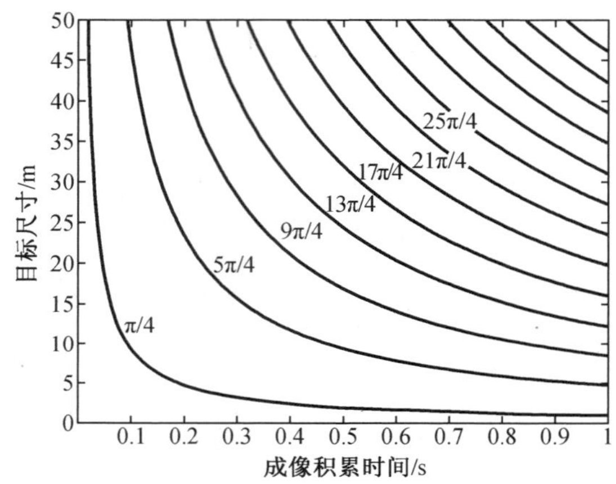

图 2.5　相位误差函数的等相位线

构建相位补偿因子是消除相位误差的常用方法,依据上述分析,相位补偿因子的表达式应为

$$\varphi_{\mathrm{b}}(t_{\mathrm{p}})=\varphi_{\mathrm{b}}[t_{\mathrm{p}}+(l-1)T]=\frac{4\pi}{\lambda}x_2\omega_2t_{\mathrm{p}},t_{\mathrm{p}}\in[0,T] \tag{2.34}$$

分析式(2.34)可知,该相位因子不仅随时间变化,而且对不同的散射点,其相位变化也不相同,相位与目标位置存在耦合。这就使得相位因子的构建存在很大的困难,也就是说传统相位误差补偿技术难以对目标垂直分量引起的相位误差进行补偿,必须寻找新的方法予以解决。有关 MIMO – ISAR 成像运动补偿的内容将在第 3 章详细论述。

2.3.4　数据均匀性对回波的影响分析

假设目标运动垂直分量引起的相位误差已补偿,那么由式(2.28)、式(2.29)、式(2.31)可得垂直分量补偿之后的回波信号为

$$
\begin{aligned}
y'_l(\hat{t},t_{\mathrm{p}}) &= \sum_{q=1}^{Q} \xi_q \cdot s\left(\frac{[\hat{t}-\tau_{lq}(0)] \cdot \exp\{-\mathrm{j}4\pi f_c[\boldsymbol{r} \cdot \boldsymbol{n}_1\omega_0 t_{\mathrm{p}} + \boldsymbol{r} \cdot \boldsymbol{n}_2\omega_0(l-1)T]\}}{c}\right) \\
&= \sum_{q=1}^{Q} \xi_q \cdot s[\hat{t}-\tau_{lq}(0)] \cdot \exp\left\{-\mathrm{j}\frac{4\pi}{\lambda}x_q\omega_0[\cos\theta t_{\mathrm{p}} + (l-1)T]\right\}
\end{aligned}
\tag{2.35}
$$

式(2.35)中，若成像积累时间 $T_{\mathrm{p}}=\dfrac{T}{\cos\theta}$，则恰好满足 MIMO－ISAR 理想模型成像条件，对运动目标而言，由于其非合作性，不一定恰好满足该条件，这就会造成回波重排之后横向采样非均匀。此时，若仍然按照 R－D 成像算法将横向采样数据当作均匀采样数据处理，将会影响成像的质量。本节对数据均匀性对成像的影响进行探讨，具体分析如下。

不失一般性，由式(2.35)可得单个距离单元内第 q 个散射点回波信号模型为

$$
s_q(\hat{t},t_{\mathrm{p}}) = a_q(\hat{t})\exp\left\{-\mathrm{j}\frac{4\pi}{\lambda}x_q\omega[t_{\mathrm{p}}+(l-1)T_{\mathrm{a}}]\right\} \tag{2.36}
$$

式中，$a_q(\hat{t})=\xi_q \cdot s[\hat{t}-\tau_{lq}(0)]$；$\omega=\omega_0\cos\theta$；$T_{\mathrm{a}}=\dfrac{T}{\cos\theta}$；$t_{\mathrm{p}}=p\Delta t, p=1,2,\cdots,P$。

当积累时间 $T_{\mathrm{p}}=T_{\mathrm{a}}$ 时，式(2.36)可表示为

$$
s_q(\hat{t},p\Delta t) = a_q(\hat{t})\exp\left(-\mathrm{j}\frac{4\pi}{\lambda}x_q\omega p\Delta t\right), p=1,2,\cdots,LP \tag{2.37}
$$

此时，回波为 LP 点均匀采样信号，采样间隔为 Δt。对式(2.37)做离散傅里叶变换可得：

$$
s_q(\hat{t},f) = a_q(\hat{t})LT \cdot \mathrm{sinc}(LT\pi f) * \delta(f-f_q) = a_q(\hat{t})LT \cdot \mathrm{sinc}[LT\pi(f-f_q)] \tag{2.38}
$$

式中，$*$ 表示卷积运算；$\delta(t)$ 为冲激函数；$f_q=\dfrac{2x_q\omega}{\lambda}$。

此时，成像数据横向采样均匀，经过离散傅里叶变换之后能够将不同横向位置的散射点分辨出来。这也是 MIMO－ISAR 成像的理想情形，通过 R－D 成像算法即可得到目标的二维像，此处不做赘述。

而当成像积累时间 $T_{\mathrm{p}} \neq T_{\mathrm{a}}$ 时，式(2.36)可表示为

$$
s_q[\hat{t},p\Delta t+(l-1)T_{\mathrm{a}}] = a_q(\hat{t})\exp\left\{-\mathrm{j}\frac{4\pi}{\lambda}x_q\omega[p\Delta t+(l-1)T_{\mathrm{a}}]\right\}, \quad p=1,2,\cdots,P; l=1,2,\cdots,L \tag{2.39}
$$

显然，式(2.39)所示的回波信号在横向上并不是均匀采样，若将该信号当

作均匀采样信号直接做 FFT 变换，可得：

$$
\begin{aligned}
s_{\mathrm{e}}(\hat{t},f) &= \sum_{p=1}^{LP} a_q(\hat{t})\exp\left\{-\mathrm{j}\frac{4\pi}{\lambda}x_q\omega[p\Delta t+(l-1)T_{\mathrm{a}}]\right\}\cdot\exp(-\mathrm{j}2\pi fp\Delta t) \\
&= a_q(\hat{t})\cdot(LP\Delta t)\cdot\mathrm{sinc}(LP\Delta t\pi f) * \sum_{p}^{LP}\exp[-\mathrm{j}2\pi f_q(p\Delta t-t_{\mathrm{p}})]\cdot \\
&\quad \exp(-\mathrm{j}2\pi fp\Delta t) \\
&= a_q(\hat{t})\cdot(LP\Delta t)\cdot\mathrm{sinc}[LP\Delta t\pi(f-f_q)]\sum_{p}^{LP}\exp(\mathrm{j}2\pi f_q t_{\mathrm{p}})\cdot \\
&\quad \exp(-\mathrm{j}2\pi fp\Delta t)
\end{aligned}
\tag{2.40}
$$

由式(2.40)可知，对于横向采样非均匀的成像数据，若直接利用 R－D 成像算法，则会在理想横向像上添加一个相位因子 $\sum_{p}^{LP}\exp(\mathrm{j}2\pi f_q t_{\mathrm{p}})\cdot\exp(-\mathrm{j}2\pi fp\Delta t)$。受此相位因子的影响，目标横向像会产生畸变，成像质量下降，甚至会成像失败。出现横向像畸变，主要是由在对非均匀数据进行离散傅里叶变换的过程中，采样数据与离散傅里叶变换因子失配引起的成像误差造成的。由于这一失配只与 T_{p} 和 T 有关，可定义 $\alpha=\dfrac{(T-T_{\mathrm{p}})}{T}$来描述，书中称之为失配率。

在式(2.40)的处理中，直接将非均匀采样数据当作均匀数据进行处理，显然会引入成像误差。若是对非均匀采样数据进行离散傅里叶变换呢？是否能够避免数据的均匀化处理过程呢？下面对此进行详细分析。

对式(2.39)成像数据进行以下变换。由于 MIMO 雷达等效阵列为等间隔均匀阵列，因此单次快拍数据为均匀采样数据，采样重复周期为 T_{a}。可以将 $s_q[\hat{t},p\Delta t+(l-1)T_{\mathrm{a}}]$按快拍分解成 P 个序列，回波数据可表示为

$$
s_q[\hat{t},p\Delta t+(l-1)T_{\mathrm{a}}] = \sum_{p=1}^{P} s_{\mathrm{p}}(\hat{t},p) \tag{2.41}
$$

式中

$$
s_{\mathrm{p}}(\hat{t},p) = \sum_{l=1}^{L} s_q(\hat{t},t)\delta[t-p\Delta t-(l-1)T_{\mathrm{a}}] \tag{2.42}
$$

这 P 个序列相当于单次快拍采样数据对比于原数据 $s_q[\hat{t},p\Delta t+(l-1)T_{\mathrm{a}}]$ 的采样位置，在无数据处补零得到。

对式(2.42)进行离散傅里叶变换，可得：

$$s_p(\hat{t},f)=\frac{1}{T_a}\sum_{k=-\infty}^{\infty}LT_a\text{sinc}\left[LT_a\pi\left(f-f_q-k\frac{1}{T_a}\right)\right]\cdot\exp\left[\text{j}2\pi\left(f-f_q-k\frac{1}{T_a}\right)p\Delta t\right]\cdot\exp(-\text{j}2\pi fT_a)\tag{2.43}$$

那么,式(2.41)的离散傅里叶变换为

$$\begin{aligned}s_q(\hat{t},f)&=\sum_{p=1}^{P}s_p(\hat{t},f)\\&=\sum_{p=1}^{P}\frac{1}{T_a}\sum_{k=-\infty}^{\infty}LT_a\text{sinc}\left[LT_a\pi\left(f-f_q-k\frac{1}{T_a}\right)\right]\cdot\\&\quad\exp\left[\text{j}2\pi\left(f-f_q-k\frac{1}{T_a}\right)p\Delta t\right]\cdot\exp(-\text{j}2\pi fT_a)\end{aligned}\tag{2.44}$$

式(2.44)即为非均匀成像数据做离散傅里叶变换处理时的成像结果。在数据横向采样非均匀时,sinc 函数在$f=f_q+\dfrac{k}{T_a}$处存在峰值,在这些峰值所对应的位置中,当且仅当 $k=0$ 时的峰值所对应的目标为真实目标,其他均为虚假目标。

首先,讨论真假目标幅度之间的关系,可令:

$$\begin{aligned}J(k)&=\sum_{p=1}^{P}\exp\left[\text{j}2\pi\left(f-f_q-k\frac{1}{T_a}\right)p\Delta t\right]\cdot\exp(-\text{j}2\pi fT_a)\\&=\exp(-\text{j}2\pi fT_a)\cdot\exp\left[-\text{j}(P-1)\pi\left(f-f_q-k\frac{1}{T_a}\right)\Delta t\right]\cdot\\&\quad\frac{\sin\left(\dfrac{P\left[\pi\left(f-f_q-\dfrac{k}{T_a}\right]\Delta t\right)}{2}\right)}{\sin\left(\dfrac{\pi\left(f-f_q-\dfrac{k}{T_a}\right)\Delta t}{2}\right)}\end{aligned}\tag{2.45}$$

对式(2.45)求模,可得:

$$|J(k)|=\left|\frac{\sin\left[\dfrac{P\left[\pi\left(f-f_q-\dfrac{k}{T_a}\right)\Delta t\right]}{2}\right]}{\sin\left(\dfrac{\pi\left(f-f_q-\dfrac{k}{T_a}\right)\Delta t}{2}\right)}\right|\tag{2.46}$$

式(2.46)的值即反映了成像数据非均匀采样时,R - D 成像算法结果中所有目标(包括假目标)的幅度。

那么,由式(2.46)可得目标与最大假目标的幅度之比为

$$\frac{|J(0)|}{\max[\,|J(k)|\,]}=\left|\frac{\sin\left(\frac{P[\pi(f-f_q)\Delta t]}{2}\right)}{\sin\left(\frac{\pi(f-f_q)\Delta t}{2}\right)}\right|\cdot\max\left(\left|\frac{\sin\left(\frac{\pi\left(f-f_q-\frac{k}{T_a}\right)\Delta t}{2}\right)}{\sin\left(\frac{P\left[\pi\left(f-f_q-\frac{k}{T_a}\right)\Delta t\right]}{2}\right)}\right|\right)\tag{2.47}$$

其次，分析讨论假目标的个数。由于方位像的最大频率 F_D 与目标尺寸、旋转速度有关，因此对于式(2.44)的成像结果，仅仅关注 $|f|<F_D$ 区域内的真假目标分布情况。一般而言，横向成像的场景区域由脉冲重复频率决定，同时，由于 $T_a \geqslant P\cdot PRF$，那么由目标位置公式 $f=f_q+\frac{k}{T_a}$ 可知，虚假目标分布情况与脉冲重复频率大小有关。

1. 当 $PRF\geqslant P\cdot F_D$ 时

此时，只有当 $k=0$ 时，才满足 $|f|<F_D$ 条件，也就是说在 $PRF\geqslant P\cdot F_D$ 时，所有的假目标均位于真实目标像位置之外，几乎不会对成像处理造成影响。虽然假目标与真实目标之间不再存在混叠，但由目标位置公式可知，在成像场景区域内，仍会有大量的假目标存在，因此对于 $PRF\geqslant P\cdot F_D$ 的情形，从成像结果中提取真实目标是不可或缺的处理过程。

2. 当 $F_D\leqslant PRF\leqslant P\cdot F_D$ 时

与 1 中分析相同，在 $F_D\leqslant PRF\leqslant P\cdot F_D$ 时，假目标与目标在横向上存在混叠，严重影响最后的成像质量，且无法从中提取真实目标。此时，在目标区域内虚假目标的数量为

$$N_{\text{false}}=\text{floor}\left(\frac{f_q-F_D}{T_a}\right)+\text{floor}\left(\frac{f_q+F_D}{T_a}\right)\tag{2.48}$$

式中　floor[・]——向下取整运算。

若将所有满足式(2.48)的 k 组成一个集合(即为 K)，那么假目标的位置可由目标位置公式确定：

$$f_{\text{false}}=f_q+\frac{k}{T_a},\quad k\in K\tag{2.49}$$

综合上述分析，在 MIMO－ISAR 成像数据采样非均匀时，直接采用 R－D 算法进行成像，会引入很多虚假的目标，影响成像质量。因此，基于上述分析，

MIMO - ISAR 成像过程中须有数据均匀化处理。

2.4　MIMO - ISAR 成像平面分析

由 ISAR 成像的原理可知，ISAR 成像结果是目标散射点三维空间坐标在二维成像平面上的投影。对于 MIMO - ISAR 成像来讲，由于 MIMO 雷达阵列的几何结构以及目标在三维空间中的运动，使得 MIMO - ISAR 的二维成像平面变得复杂。为了准确把握 MIMO - ISAR 成像平面的性质，在讨论具体的成像方法之前，本节主要对 MIMO - ISAR 的成像平面进行分析讨论。MIMO - ISAR 二维成像分辨力包括距离像与多普勒像，由信号带宽与转动多普勒决定，因而 MIMO - ISAR 的成像平面应该为距离分辨力方向矢量与多普勒分辨力方向矢量张成。

1. 距离方向矢量

根据距离向的定义可得，距离方向矢量为等距离线的梯度方向，那么对目标在零时刻相对于参考阵元的距离表达式关于 $\boldsymbol{r}$ 求导，可得：

$$\begin{aligned}\boldsymbol{\gamma} &= \frac{\mathrm{d}[\boldsymbol{R}(t,T)]}{\mathrm{d}\boldsymbol{r}} \\ &= \frac{\mathrm{d}[\boldsymbol{R}_{\mathrm{s}}(t)\cdot\boldsymbol{n}_{l0}(t)+\boldsymbol{r}\cdot\boldsymbol{n}_{l0}(t)]}{\mathrm{d}\boldsymbol{r}} \\ &\approx \frac{\mathrm{d}[\|\boldsymbol{R}_{\mathrm{s}}(t)\|+\boldsymbol{r}\cdot\boldsymbol{n}(0,0)]}{\mathrm{d}\boldsymbol{r}} \\ &= \boldsymbol{n}(0,0)\end{aligned} \tag{2.50}$$

式中　$\boldsymbol{n}(0,0)$——零时刻目标相对于参考阵元的方向矢量。

2. 多普勒方向矢量

根据多普勒方向定义，成像中转动多普勒方向矢量为转动多普勒关于散射点 $\boldsymbol{r}$ 的梯度，根据式(2.19)可得：

$$\begin{aligned}\boldsymbol{\kappa} &= \frac{\mathrm{d}f_{\mathrm{d}}}{\mathrm{d}\boldsymbol{r}} \\ &= \frac{\mathrm{d}[R_{\mathrm{o}}(t,T)]}{\mathrm{d}t\mathrm{d}\boldsymbol{r}} \\ &= \frac{\|\boldsymbol{v}\|}{\|\boldsymbol{R}_l(t)\|}\{[\boldsymbol{n}_l(t)\times\boldsymbol{n}_v\times\boldsymbol{n}_{l0}(t)]+[\boldsymbol{n}_l(t)\times(-\boldsymbol{e}_y)\times\boldsymbol{n}_{l0}(t)]\}\end{aligned} \tag{2.51}$$

那么 MIMO - ISAR 的成像平面即距离向为 $\boldsymbol{\gamma}$，多普勒向为 $\boldsymbol{\kappa}$ 的平面。从式

(2.50)、式(2.51)可以看出，目标距离矢量和转动多普勒矢量与目标速度矢量、阵列方向矢量都有关系，成像平面变化复杂，不易看出成像平面的性质。

为了进一步讨论 MIMO－ISAR 成像平面性质，可从另外一个角度对成像平面进行分析。上述多普勒方向矢量的表达式是将所有阵元以及目标运动作为一个统一的整体进行描述的。若将 MIMO－ISAR 的 L 通道数据分别考虑，那么单个阵元等效为一个传统 ISAR。利用上述推导方法，可得第 l 个阵元通道所对应的距离、多普勒方向矢量为

$$\begin{cases}\boldsymbol{\gamma}_l=\dfrac{\boldsymbol{R}_l(0)}{\|\boldsymbol{R}_l(0)\|}\\ \boldsymbol{\kappa}_l=\boldsymbol{\gamma}_l\times\boldsymbol{\gamma}_l\times\boldsymbol{n}_v\end{cases}\tag{2.52}$$

式中　$\boldsymbol{R}_l(0)$——第 l 个阵元与目标之间的距离矢量；

$\boldsymbol{n}_v$——速度单位矢量。

分析式(2.52)可知，对于不同的阵元，其距离方向矢量与多普勒方向矢量均不相同。由于 $\boldsymbol{\gamma}_l$ 与 $\boldsymbol{\kappa}_l$ 共同决定成像平面，那么由式(2.52)可知，对于 MIMO－ISAR 成像，当目标速度方向与阵列方向平行时，MIMO－ISAR 成像 L 个阵元所对应的成像平面相同，而目标速度矢量与阵列方向不平行时，其 L 个阵元对应 L 个成像平面，平面的法向量为转速方向，不同的成像平面之间存在夹角。对于二维成像来说，同一个散射点在不同成像平面的投影不同，因而多成像平面之间的数据如何联合处理成为 MIMO－ISAR 成像的关键点。

2.5　仿真实验

为了验证 2.4 节的分析，基于 CPU：i5－3470 Core，3.2 GHz 计算平台，利用 MATLAB(2008b)软件编写代码做如下计算机仿真。

阵列参数设置：仿真采用 3 发 4 收 MIMO 雷达阵列，发射阵元坐标为(－300，0，0)(－180，0，0)(－60，0，0)，接收阵元坐标为(60，0，0)(90，0，0)(120，0，0)(150，0，0)。

仿真数据产生的雷达参数设置见表 2.1。

表 2.1　雷达参数

参数	数值
载频	10 GHz
信号形式	相位编码
信号带宽	500 MHz
采样率	1 GHz
脉冲宽度	80 ns
子脉冲宽度	2 ns
脉冲重复频率	400 Hz
脉冲积累时间	0.1 s

仿真 1:垂直运动分量对成像质量的影响分析

此处利用单个散射点成像结果在方位像的剖面来代替成像的点扩散函数进行分析。设定散射点位置坐标为(-5,5,0),由于目标垂直运动分量大小与速度相对于阵列的夹角有关,且随夹角变大而变大,依据表 2.1 中的雷达参数设置进行仿真,得到不同垂直运动分量的成像结果,如图 2.6 所示。

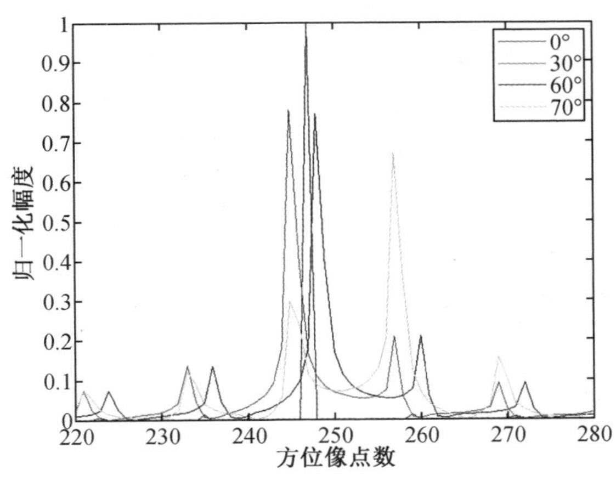

图 2.6　不同垂直运动分量点扩散函数对比

图 2.6 给出了目标运动速度与阵列夹角分别为 0°、30°、60°、70°时的点扩散函数。由图 2.6 的仿真结果可知,随着速度与阵列夹角的增大,垂直运动分量增大,点扩散函数的主瓣能量减小,旁瓣能量增大,而且方位像主瓣的位置发生移位。由此可知,对于 MIMO - ISAR 二维成像,在目标运动速度与阵列存在夹角时,其在垂直阵列方向的运动会引入一定的运动误差,该误差不仅会降低

成像质量,而且会使得成像结果在方位向出现多普勒走动。这一结论与2.4节中的分析是一致的,验证了该分析结论。因此,在MIMO-ISAR二维成像中,这一部分运动误差的补偿问题必须予以很好地解决。对于MIMO-ISAR二维成像的运动误差补偿问题将在第3章进行详细讨论。

为进一步弄清垂直运动分量对成像质量的影响,此处利用一维方位像的熵与峰值旁瓣比作为指标评判成像质量,仿真结果如图2.7所示。

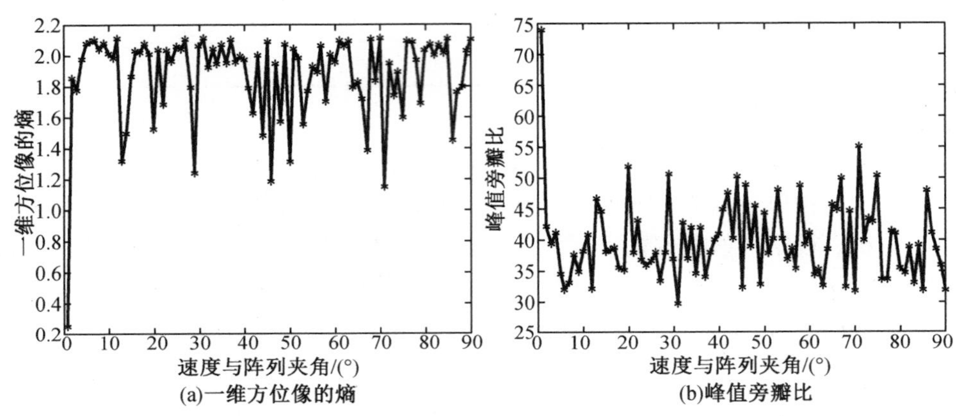

(a)一维方位像的熵　(b)峰值旁瓣比

图2.7　垂直运动分量对成像质量的影响分析

图2.7(a)、图2.7(b)分别为目标速度与阵列夹角在0°~90°变化时,一维方位像的熵以及峰值旁瓣比变化。由图2.7(a)可以看出,随着速度与阵列夹角的增大,一维方位像的熵急剧增大,并在高水平振荡,成像质量下降;由图2.7(b)可以看出,垂直运动分量会引入一定的运动误差,造成峰值旁瓣比升高,成像质量下降。另外,由图2.7可以看出,二者对目标速度与阵列的夹角颇为敏感,也就是说在MIMO-ISAR成像过程中,很小的垂直分量运动误差都会使得成像质量下降,这是由于波程差与发射信号波长可比拟,微小的运动都会引起较大的相位误差,造成成像质量下降。这与2.4节对垂直运动分量对成像影响的分析是一致的。

仿真2:成像数据均匀性对成像质量的影响分析

仿真2旨在分析MIMO-ISAR二维成像中,成像数据均匀性对成像质量的影响。由2.4节分析可知,引起成像数据非均匀的因素主要有:

(1)空间采样与时间采样的不匹配造成的空时不等效;

(2)目标转速估计误差引起的空时不等效。

由此可知,成像数据非均匀问题实际上就是空时不等效问题。空时等效误差的存在,使得 MIMO – ISAR 在横向的数据采样非均匀,影响最终的成像质量,仿真中均以空时等效进行表示。仿真采用表 2.1 的雷达参数设置,目标散射点位置坐标分别为(0,0,0)(10,0,0)(20,0,0)(30,0,0),4 个散射点在失配率为 0.033 3 时的一维方位像分别如图 2.8 所示。

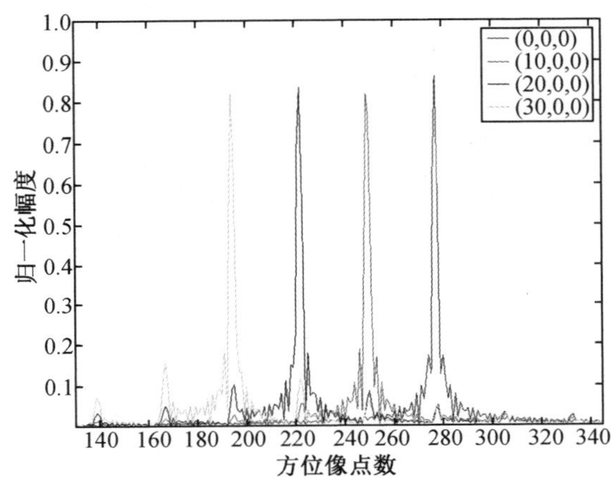

图 2.8　失配率为 0.033 3 时不同散射点的一维方位像

由图 2.8 可以看出,MIMO – ISAR 二维成像数据非均匀时会出现虚假像,而且在失配率一定时,散射点的横向尺寸越大,散射点一维方位像的旁瓣越大,虚假像越多,数据非均匀性对成像质量的影响越大。

为进一步说明在失配率一定时,散射点横向尺寸大小对成像的影响,对失配率为 0.033 3,目标尺寸为 0 ~ 50 m 时的一维方位像的熵以及峰值旁瓣比进行了仿真,结果如图 2.9 所示。

由图 2.9 可知,在失配率一定时,一维方位像的熵的大小随散射点横向尺寸的变大而变大,峰值旁瓣比则随横向尺寸的变大而变小。二者的变化趋势表明,横向尺寸大的散射点,其对成像数据的非均匀性更为敏感。这一结论与 2.4 节中关于数据均匀性对成像质量的影响分析是一致的。

为全面分析数据非均匀对成像质量的影响,此处进一步对脉冲重复频率对成像质量的影响以及失配率对成像质量的影响进行了仿真,仿真结果分别如图 2.10、图 2.11 所示。

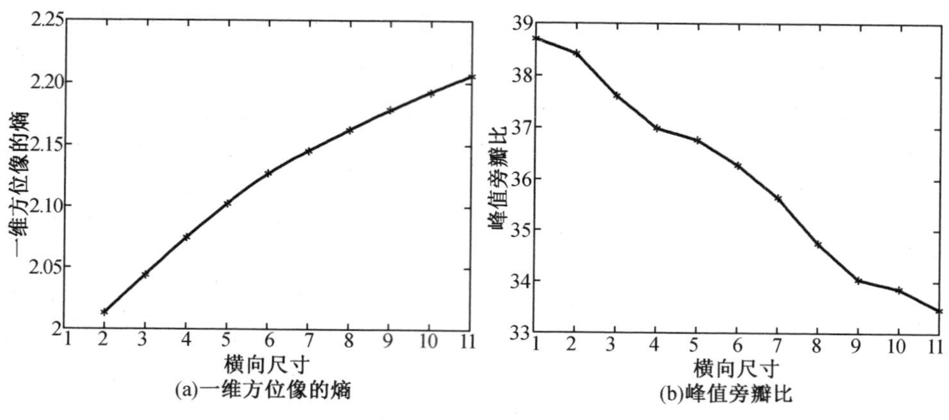

(a)一维方位像的熵　(b)峰值旁瓣比

图 2.9　不同横向尺寸的成像质量

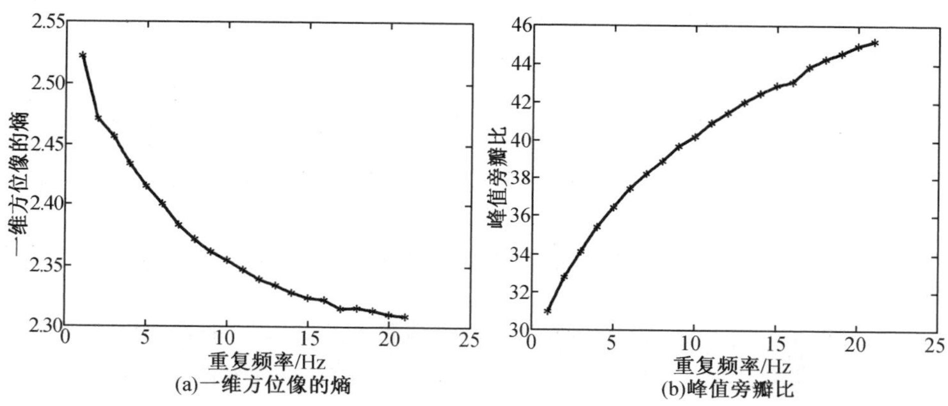

(a)一维方位像的熵　(b)峰值旁瓣比

图 2.10　重复频率因素分析

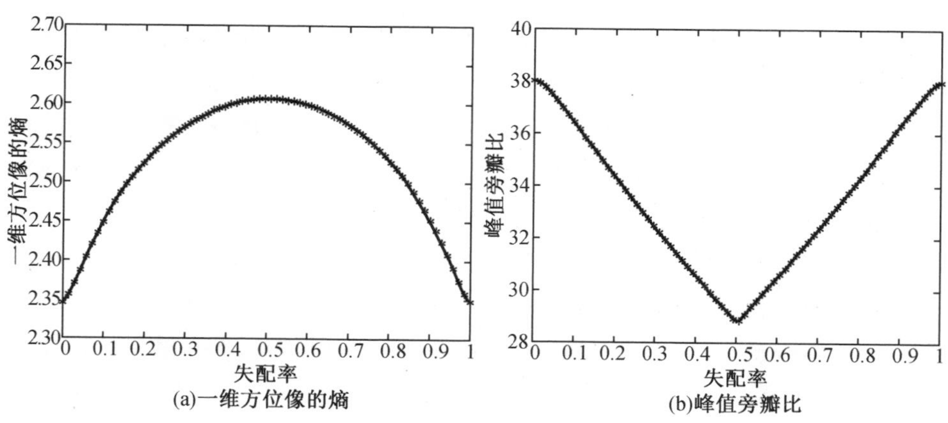

(a)一维方位像的熵　(b)峰值旁瓣比

图 2.11　失配率因素分析

分析图 2.10,对于失配率一定的成像数据,随着重复频率的增加,散射点的一维方位像的熵逐渐减小,峰值旁瓣比逐渐增加。由此可知,对于非均匀的成像数据,增大重复频率可以减小数据非均匀性对成像的影响,验证了 2.4 节的分析结论。但是,发射信号的重复频率并不能无限度增大,并不能完全消除数据非均匀性对成像质量的影响。

图 2.11 为失配率对 MIMO – ISAR 成像质量影响的仿真结果,由图中可以看出,随着失配率的增大,散射点的一维方位像的熵变大,并且在失配率为 0.5 时,熵值最大;而一维方位像的峰值旁瓣比则随失配率的增大,呈现先减小后增大的趋势,且在失配率为 0.5 时值最小。由此可知,失配率可使得成像质量变差,在失配率为 0.5 时,对成像质量的影响最大。

综上所述,由数据均匀性对成像质量的影响分析可知,由于目标的非合作造成的 MIMO – ISAR 成像数据非均匀会使得成像结果出现虚假点,随着失配率的增大,虚假点的数目以及幅度都会增大,降低了成像质量,且该现象对于横向尺寸较大的散射点更为明显。另外,仿真结果表明:提高发射信号的重复频率可在一定程度上减小数据非均匀性对成像的影响。

仿真 3:MIMO – ISAR 成像平面分析

MIMO – ISAR 成像为多通道 ISAR 成像技术的一种。由于 MIMO – ISAR 具有多站性质,因此成像平面相较于传统 ISAR 将会有较大改变。成像平面的不同也会使得成像方法发生改变。这里旨在对 MIMO – ISAR 成像平面进行分析,深入研究成像平面的变化性质,为后续成像新方法的研究奠定理论基础。

仿真参数设置如表 2.1 所示,目标散射点坐标设置为(–5,0,5)(–2.5,0,2.5)(0,0,0)(0,5,0)(0, –5,0)(0,2.5,0)(0, –2.5,0)(2.5,0,0)(5,0,0),目标中心位置为(0,0,10 000),单个阵元的 R – D 算法成像结果与 MIMO – ISAR 二维成像结果如图 2.12 所示。

分析图 2.12,二者对同一目标的成像结果在形状上差异很大,这与 2.4 节对 MIMO – ISAR 成像的分析结论是一致的。为进一步研究 MIMO – ISAR 成像平面,通过进一步仿真可得每一个阵元通道的 R – D 算法成像结果。仿真表明,随着阵元位置的变化,成像结果的尺寸变化不明显,即成像平面变化不大,可以近似为每个通道对应的成像平面平行,那么阵元之间的成像结果就可以通过相干叠加提高成像分辨力。对于这一问题的研究,将在第 6 章进行详细推导和仿真验证,此处仿真结果不再给出。

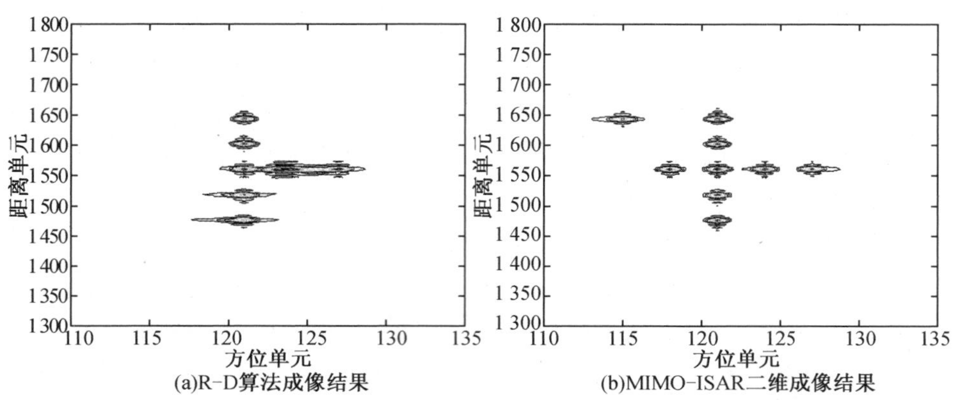

图 2.12　不同成像平面成像结果对比

2.6　本 章 小 结

为深入研究 MIMO－ISAR 二维成像，本章对三维空间中的 MIMO－ISAR 二维成像进行了建模和分析。首先，在建立目标精确运动模型的基础上，基于 PCA 原理建立了三维空间中 MIMO－ISAR 二维成像的 PCA 等效模型；根据目标的运动模型建立了 MIMO－ISAR 成像的回波模型。其次，讨论了目标垂直运动分量以及数据均匀性对成像质量的影响，并利用数值仿真对分析所得结论进行了验证。最后，对 MIMO－ISAR 成像平面进行了分析，公式推导证明，MIMO－ISAR 的成像平面不是唯一的，而是具有多个成像平面，因此在不同的成像平面的成像结果在尺度上会发生改变。仿真结果表明：由于目标与阵列之间的距离远大于阵列尺寸，因此每个通道所对应的成像平面可以近似平行，不同的通道之间的成像结果可通过相干叠加处理获得更高的横向分辨力。本章对 MIMO－ISAR 成像的建模分析，为后续成像方法的研究奠定了理论基础。

第 3 章　MIMO - ISAR 二维成像平动补偿

3.1　引　　言

众所周知，在 ISAR 成像技术中，平动补偿是将运动目标转换成转台模型的关键，平动补偿的优劣决定 ISAR 最终的成像质量。因此，对于用转台模型研究 ISAR 成像来说，平动补偿一直是 ISAR 成像研究的重点之一。经过多年的发展，ISAR 成像的平动补偿技术得到了长足的进步，许多稳健有效的方法被提出。平动补偿一般包括包络对齐和相位校正两部分。常见的包络对齐方法有相关法，包络最小熵法，模 - 1、模 - 2 距离法等；常见的相位校正方法则有特显点法、相位梯度法、多普勒中心追踪法等。

对于采用 MIMO - ISAR 理想成像模型研究 MIMO - ISAR 二维成像来说，平动补偿同样关键。在 MIMO - ISAR 二维成像中，目标的平动分量来源较传统 ISAR 成像更为繁多，形式也更为复杂。除了非合作目标的运动之外，MIMO 雷达阵列的阵元之间的相对空间位置以及目标速度与阵列之间的几何关系都会产生平动分量。由第 2 章 MIMO - ISAR 回波模型分析可知，若目标速度与阵列方向平行，雷达视线空时变化位于同一平面，利用传统 ISAR 成像的平动补偿方法对其进行补偿，就可以转换成 MIMO - ISAR 理想成像模型；若目标速度方向与阵列方向之间存在夹角时，雷达视线的空时变化并不位于同一平面，目标的运动矢量可分解为平行分量与垂直分量。2.4 节的理论分析以及 2.5 节仿真 1 均表明，垂直运动分量与散射点位置存在耦合，性质有别于传统 ISAR 成像的平行，具有空变性。平行分量通过传统平动补偿方法就可以对其进行补偿，而垂直分量则由于具有空变性，传统平动补偿方法对其不具有适用性。对于 MIMO - ISAR 二维成像的平动补偿，传统 ISAR 的平动补偿方法将不再适用，因此，研究适用于 MIMO - ISAR 二维成像的平动补偿技术意义重大。

当前，对于 MIMO - ISAR 成像过程中平动补偿的研究，均忽略了目标运动中的垂直分量,利用传统运动误差补偿技术对 MIMO - ISAR 成像实施平动补偿。针对 MIMO - ISAR 二维成像的平动补偿问题,本章建立了 MIMO - ISAR 二维成像的运动模型,并进行了分析,结果表明: MIMO - ISAR 二维成像的运动包含了平行分量与垂直分量两部分,且二者具有不同的性质,因此需要根据 MIMO - ISAR 二维成像运动的不同特性,寻求更为适用的补偿方法。

针对 MIMO - ISAR 二维成像平动补偿,本章从包络对齐和相位校正两个方面展开研究。首先,在 MIMO - ISAR 成像中,相位编码信号正交波形互相关噪声会使一维距离像相关性减弱,传统包络对齐方法对齐误差较大,本书采用基于相邻相关峰值检测的包络对齐方法对 MIMO - ISAR 成像数据进行包络对齐,该方法通过距离像互相关与慢时间的相干叠加,降低了互相关噪声对平动分量估计的影响,通过广义相关能够抑制互相关噪声水平,使平动分量估计精度更高。针对垂直运动分量对相位的影响,本书提出一种改进的相位梯度自聚焦(PGA)方法进行相位校正,该方法考虑了垂直运动分量对回波的影响,利用多个距离单元数据联合处理对相位梯度进行估计,从而实现了 MIMO - ISAR 二维成像的自聚焦。

3.2 MIMO - ISAR 二维成像运动模型分析

本节利用目标与雷达运动的相对性,得出 MIMO - ISAR 空时阵列的等效阵列孔径。以阵列方向的线阵为理想阵列,通过推导,建立了 MIMO - ISAR 二维成像的目标平动模型,并对其性质进行了分析,为线阵二维成像平动补偿奠定基础。

3.2.1 时间合成阵列与收发一体阵列的等效关系

由于单站 ISAR 成像的过程可以等效成收发共用等效均匀线阵对目标的单次快拍成像,对于 MIMO - ISAR 成像,这一过程如图 3.1 所示,可将 MIMO - ISAR 成像的空时阵列等效为平面 xOy 中的阵列。MIMO - ISAR 距离向高分辨是通过发射宽带信号以及脉冲压缩处理获得,而方位向高分辨则是利用雷达在不同角度对目标的观测并分析其多普勒变化实现高分辨。因此,当某个收发阵列接收到的目标回波信号,在回波时延以及目标观测角度与 ISAR 成像的回波信号相同时,就可以认为二者等效。也就是说,对于任何收发阵列的空间采样,都可以认为其与沿某一航迹飞行的目标的 ISAR 成像的时间采样所获得的回波信号相同。

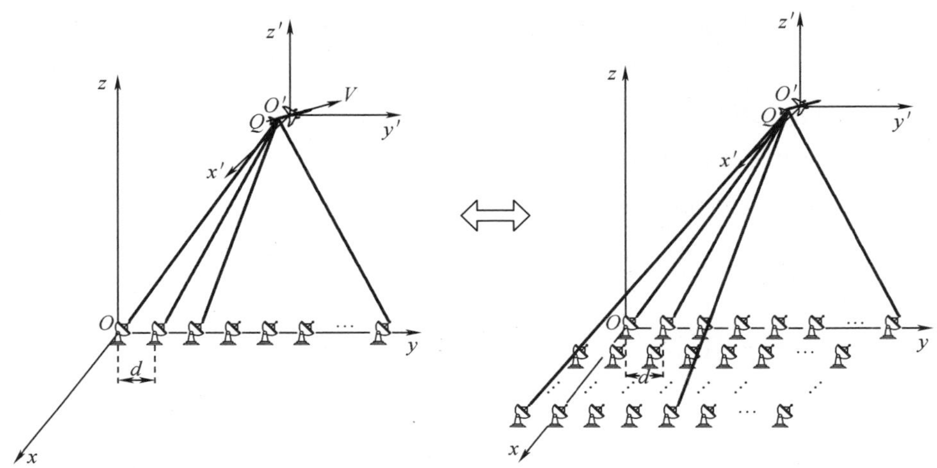

图 3.1　MIMO－ISAR 成像等效阵列

3.2.2　运动模型分析

依据 3.2.1 节的阵列等效关系，可得 MIMO－ISAR 二维成像的一般几何模型如图 3.2 所示。

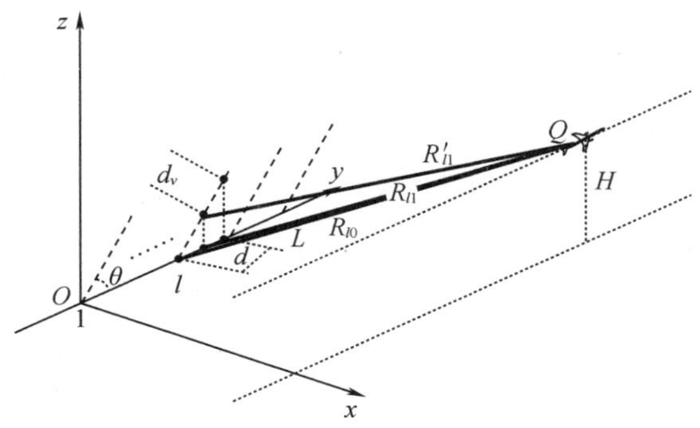

图 3.2　MIMO－ISAR 二维成像的一般几何模型

由 3.2.1 节 ISAR 成像与收发阵列的等效关系可得，在目标匀速直线运动时，MIMO－ISAR 的阵元分布如图 3.2 中虚线所示，MIMO－ISAR 可以等效为 LP 个收发阵元组成的阵列对空中目标的单次快拍成像。假设目标上有 Q 个散射点，第 q 个散射点的坐标为(x_q,y_q,z_q)。将沿 y 轴方向的线性阵列看作理想阵列，而虚线表示实际阵列。实际阵列由 MIMO 虚拟阵元和 ISAR 时间合成阵元组成，其中阵元的间隔为 d，时间阵元间隔为 $d_v=vt_{\mathrm{p}}$（v 为目标速度，t_{p} 表示慢时间）。图 3.2 中，目标参考中心的坐标为(x_0,y_0,H)，H 表示目标中心与平面 xOy 之间的垂直距离，R_{l0}表示目标上任意散射点 Q 与第 l 个 MIMO 虚拟阵元的距离，R_{lp}表示 Q 点与第 l 个 MIMO 虚拟阵元对应的第 p 个理想阵元之间的距离，R'_{lp}则表示 R_{lp}对应的实际阵元与 Q 点的距离。

依据图 3.2 所示的 MIMO－ISAR 成像的几何模型，可求得 Q 点与实际阵元的距离为

$$\begin{aligned}R_{lm}&=\sqrt{(x_q-x_l(t_{\mathrm{p}}))^2+(y_q-y_l(t_{\mathrm{p}}))^2+(z_q-z_l(t_{\mathrm{p}}))^2}\\&\approx\sqrt{(y_q-y_l(t_{\mathrm{p}}))^2+x_q^2+z_q^2-2x_l(t_{\mathrm{p}})R_{q0}\cos\beta-2z_l(t_{\mathrm{p}})R_{q0}\sin\beta}\\&\approx R_q(t_{\mathrm{p}})-\frac{x_l(t_{\mathrm{p}})R_{q0}\cos\beta}{R_q(t_{\mathrm{p}})}-\frac{z_l(t_{\mathrm{p}})R_{q0}\sin\beta}{R_q(t_{\mathrm{p}})}\end{aligned}\tag{3.1}$$

式中 $R_q(t_{\mathrm{p}})=\sqrt{(y_q-y_l(t_{\mathrm{p}}))^2+x_q^2+z_q^2}$；

$\beta=\arcsin\left(\dfrac{z_q}{R_{q0}}\right)$；

$R_{q0}=\sqrt{x_q^2+z_q^2}$；

$(x_l(t_{\mathrm{p}}),y_l(t_{\mathrm{p}}),z_l(t_{\mathrm{p}}))$——实际阵元位置。

在目标尺寸远小于雷达与目标之间的距离时，式(3.1)可近似为

$$R_{lp}\approx R_q(t_{\mathrm{p}})-\frac{x_l(t_{\mathrm{p}})R_{q0}\cos\beta}{R_q}-\frac{z_l(t_{\mathrm{p}})R_{q0}\sin\beta}{R_q}\tag{3.2}$$

式中 R_q——第 q 个散射点的斜距，$R_q=\sqrt{x_q^2+y_q^2+z_q^2}$。

同理，若将实际阵元位置在理想阵列方向的投影作为理想阵元位置，Q 点与理想阵元的距离为

$$R'_{lp}=\sqrt{x_q^2+z_q^2+(y_q-y_l(t_{\mathrm{p}}))^2}\tag{3.3}$$

式中 $(0,y_l(t_{\mathrm{p}}),0)$——理想阵元位置。

式(3.2)、式(3.3)求差可得实际阵元与理想阵元的距离之差为

$$\begin{aligned}\Delta R_q&=R_{lp}-R'_{lp}\\&\approx-\frac{x_l(t_{\mathrm{p}})R_{q0}\cos\beta}{R_q}-\frac{z_l(t_{\mathrm{p}})R_{q0}\sin\beta}{R_q}\\&=-\frac{x_l(t_{\mathrm{p}})(x_0+\Delta x_q)}{R_q}-\frac{z_l(t_{\mathrm{p}})(H+\Delta H_q)}{R_q}\end{aligned}\tag{3.4}$$

在目标位于远场区且尺寸远小于雷达与目标之间的距离时，有：

$$\begin{cases}\beta=\arcsin\left[\dfrac{(H+\Delta z_q)}{R_{q0}}\right]\approx\arcsin\left(\dfrac{H}{R_{q0}}\right)\\ \dfrac{x_q}{R_q}=\dfrac{x_0}{R_q}\end{cases} \tag{3.5}$$

那么，式(3.4)就可以简化为

$$\Delta R_q=R_{lp}-R_{lp0}\approx-\frac{x_l(t_{\mathrm{p}})x_q}{R_q}-\frac{z_l(t_{\mathrm{p}})H}{R_q}\approx-\frac{x_l(t_{\mathrm{p}})x_0}{R_q}-\frac{z_l(t_{\mathrm{p}})H}{R_q} \tag{3.6}$$

由式(3.6)可知，ΔR_q 距离差与每一个散射点的斜距相关联，即不同距离单元的 ΔR_q 值不同，即 ΔR_q 具有距离空变性。那么，利用传统平动补偿方法无法对 ΔR_q 进行补偿，须采用特殊方法进行补偿。

假设式(3.6)所示的运动分量可以补偿，那么，MIMO－ISAR 二维成像的实际阵列就转换成了一维线阵的理想阵列，依据 3.2.1 节的阵列等效关系可知，此时 MIMO－ISAR 成像就可等效为平稳运动目标的 ISAR 成像，那么 $R_q(t_{\mathrm{p}})$ 就可表示为 ISAR 转台模型的形式：

$$R_q(t_{\mathrm{p}})=R_{l0}+\Delta r_q+\tilde{y}_q\omega t_{\mathrm{p}}+v_{\mathrm{r}}t_{\mathrm{p}} \tag{3.7}$$

式中　R_{l0}——参考中心到第 l 个阵元的距离；

Δr_q——散射点距离向尺寸；

$v_{\mathrm{r}}t_{\mathrm{p}}$——平动分量；

v_{r}——理想阵列条件下目标的径向速度；

$\tilde{y}_q\omega t_{\mathrm{p}}$——转动分量；

$\tilde{y}_q$——散射点的横向尺寸；

ω——目标转动分量的转速。

从式(3.7)可以看出，第一、二项分别与目标距离以及方位向位置有关，通过脉冲压缩和横向多普勒提取即可得到目标的二维像；而第三项则对所有散射点均相同，会造成距离像的包络平移与相位变化，可通过统一的相位补偿函数予以补偿。

重写式(3.2)为

$$\begin{aligned}R_{lp}&\approx R_{l0}+\Delta r_q+\tilde{y}_q\omega t_{\mathrm{p}}+v_{\mathrm{r}}t_{\mathrm{p}}-\frac{x_l(t_{\mathrm{p}})x_0}{R_q}-\frac{z_l(t_{\mathrm{p}})H}{R_q}\\&=R_{l0}+\Delta r_q+\tilde{y}_q\omega t_{\mathrm{p}}+\Delta R(t_{\mathrm{p}})+\Delta R_{\mathrm{e}}(t_{\mathrm{p}})\end{aligned} \tag{3.8}$$

式中　$\Delta R_{\mathrm{e}}(t_{\mathrm{p}})=-\dfrac{x_l(t_{\mathrm{p}})x_0}{R_q}-\dfrac{z_l(t_{\mathrm{p}})H}{R_q}$；

$\Delta R(t_{\mathrm{p}}) = v_{\mathrm{r}} t_{\mathrm{p}}$。

由上述分析可知，式(3.8)中的后三项均为MIMO－ISAR成像中需要补偿的运动分量。根据运动分量性质的不同，MIMO－ISAR成像中需要补偿的运动分量可分为两类：$\Delta R(t_{\mathrm{p}})$表示平动分量，可以利用经典平动补偿方法进行补偿；$\Delta R_{\mathrm{e}}(t_{\mathrm{p}})$表示距离空变运动分量，该部分运动分量虽然与目标横向位置无关，但是对距离则很敏感，传统平动补偿方法难以消除，须采用特殊的方法进行运动补偿。

3.3 平动补偿方法

与ISAR成像平动补偿类似，MIMO－ISAR二维成像的平动补偿采用包络对齐与相位自聚焦分步补偿，详细介绍如下。

3.3.1 基于相邻相关峰值检测的包络对齐方法

ZHU等采用分段相关法进行包络对齐，采用特显点法进行相位校正，利用R－D算法实现了MIMO－ISAR二维成像。但是，本书中MIMO－ISAR成像采用的是同频码分正交发射信号，对相位变化比较敏感，回波信号中的时延和多散射点回波叠加会造成回波信号的正交性下降，而且由于存在波形间互相关噪声，距离压缩后的一维距离像的旁瓣呈现不规则变化，使得相邻距离像之间的相关性减弱，依靠传统的相关法进行包络对齐就难以获得良好的效果。

针对这一问题，本节采用一种基于相邻相关峰值检测的改进分段相关包络对齐方法，该方法通过相邻一维距离像互相关抑制噪声干扰，对相邻相关峰值的频域相干积累提升相关函数的峰值幅度，进而减小互相关噪声对平动参数估计的影响，实现MIMO－ISAR成像的包络对齐。

由第2章MIMO－ISAR成像的回波模型可得第l阵元通道的基频回波：

$$s_l(\hat{t},t_{\mathrm{p}}) = \sum_{q=1}^{Q} \xi_q \cdot s[\hat{t} - \tau_{lq}(t_{\mathrm{p}})] \cdot \exp[-\mathrm{j}2\pi f_c \tau_{lq}(t_{\mathrm{p}})] \tag{3.9}$$

在波形理想正交时，$s[\hat{t}-\tau_{lq}(t_{\mathrm{p}})] = \delta[\hat{t}-\tau_{lq}(t_{\mathrm{p}})]$，实际中波形不可能理想正交，一般用sinc(·)函数近似表示一维距离像，即：

$$s_l(\hat{t},t_{\mathrm{p}}) = \sum_{q=1}^{Q} \xi_q \cdot \mathrm{sinc}[\hat{t} - \tau_{lq}(t_{\mathrm{p}})] \cdot \exp[-\mathrm{j}2\pi f_c \tau_{lq}(t_{\mathrm{p}})] \tag{3.10}$$

对式(3.10)中$\hat{t}$做FFT有：

$$S_l(f_r,t_p)=\sum_{q=1}^{Q}\xi_q\cdot \mathrm{rect}(f_r)\exp[-\mathrm{j}2\pi(f_r+f_c)\tau_{lq}(t_p)] \tag{3.11}$$

那么,相邻一维距离像的互相关函数为

$$\begin{aligned}R_{p,p+1}^{l}(\tau_r,t_p)&=\mathrm{IFFT}[R_{p,p+1}^{l}(f_r,t_p)]\\&=\mathrm{IFFT}[S_l(f_r,t_p)\cdot S_l^{*}(f_r,t_{p+1})]\\&=\mathrm{IFFT}\left(\sum_{q=1,q'=q}^{Q}\xi_q\cdot R_{\mathrm{ect}}(f_r)\cdot\exp\{-\mathrm{j}2\pi(f_r+f_c)[\tau_{lq}(t_p)-\tau_{lq'}(t_p)]\}\right)+\\&\quad\mathrm{IFFT}\left(\sum_{q=1,q'\neq q}^{Q}\xi_q\cdot R_{\mathrm{ect}}(f_r)\cdot\exp\{-\mathrm{j}2\pi(f_r+f_c)[\tau_{lq}(t_p)-\tau_{lq'}(t_p)]\}\right)\end{aligned} \tag{3.12}$$

式中,第一项为散射点完全匹配时的相关函数能量,第二项则为散射点不匹配时的相关函数能量。

由式(3.8)可得,第 l 个阵元通道所对应的时延变化可表示为

$$\tau_{lq}(t_p)\approx\frac{2\left[R_{l0}+\Delta r_q+\tilde{y}_q\omega t_p+\left(v_r-\dfrac{V_x x_0}{R_q}-\dfrac{V_z H}{R_q}\right)t_p\right]}{c} \tag{3.13}$$

在目标尺寸远小于雷达与目标之间的距离时,式(3.13)中距离单元的变化对包络平移的影响极小,因此可近似有 $R_q\approx R_0$,那么式(3.13)可近似表示为

$$\begin{aligned}\tau_{lq}(t_p)&\approx\frac{2\left[R_{l0}+\Delta r_q+\tilde{y}_q\omega t_p+\left(v_r-\dfrac{V_x x_0}{R_0}-\dfrac{V_z H}{R_0}\right)t_p\right]}{c}\\&=\frac{2(R_{l0}+\Delta r_q+\tilde{y}_q\omega t_p+v_r't_p)}{c}\end{aligned} \tag{3.14}$$

式中　$v_r'=v_r-\dfrac{V_x x_0}{R_0}-\dfrac{V_z H}{R_0}$。

将式(3.14)代入式(3.12)有:

$$\begin{aligned}R_{p,p+1}^{l}(\tau_r,t_p)&=\mathrm{IFFT}\left\{\sum_{q=1,q'=q}^{Q}\xi_q^2\cdot R_{\mathrm{ect}}(f_r)\cdot\exp\left[-\mathrm{j}4\pi(f_r+f_c)\cdot\frac{\tilde{x}_q\omega_0T_p+v'_rT_p}{c}\right]\right\}+\\&\quad\mathrm{IFFT}\left\{\sum_{q=1,q'\neq q}^{Q}\xi_q\xi_{q'}\cdot R_{\mathrm{ect}}(f_r)\cdot\exp\left[-\mathrm{j}4\pi(f_r+f_c)\cdot\frac{M_1+M_2+M_3}{c}\right]\right\}\\&=\sum_{q=1}^{Q}\xi_q^2\cdot\mathrm{sinc}\left\{\pi B\left[\tau_r-\frac{2(\tilde{x}_q\omega_0T_p+v'_rT_p)}{c}\right]\right\}\cdot\\&\quad\exp\left(-\mathrm{j}4\pi f_c\frac{\tilde{x}_q\omega_0T_p+v'_rT_p}{c}\right)+\varepsilon(\tau_r,t_p)\end{aligned} \tag{3.15}$$

式中　B——信号的带宽;

T_{p}——脉冲重复周期；

求和项——散射点匹配时相关函数能量，$p=1,2,\cdots,P-1$。

对于 MIMO－ISAR 成像来说，由于积累时间很短，因此可以忽略转动分量项 $\tilde{x}_q\omega_0 t_{\mathrm{p}}$ 对包络的影响，因此，由式(3.15)的求和项可知，所有散射点的能量分布在同一距离单元，这对提升相关函数峰值幅度有很大帮助。

而式(3.15)中第二个项：

$$\varepsilon(\tau_{\mathrm{r}},t_{\mathrm{p}}) = \sum_{q=1,q'\neq q}^{Q}\xi_q\xi_{q'}\cdot \mathrm{sinc}\left[\pi B\left(\tau_{\mathrm{r}}-\frac{M_1+M_2+M_3}{c}\right)\right]\cdot \exp\left(-\mathrm{j}2\pi f_c\frac{M_1+M_2+M_3}{c}\right) \tag{3.16}$$

式中

$$\begin{cases} M_1=2(\Delta r_q-\Delta r_{q'}) \\ M_2=2(\tilde{x}_l\omega_0 t_{\mathrm{p}}-\tilde{x}_q\omega_0 t_{\mathrm{p}}) \\ M_3=2v_{\mathrm{r}}' t_{\mathrm{p}} \end{cases} \tag{3.17}$$

由式(3.16)、式(3.17)可知，在散射点不匹配时，其包络的位置由 M_1、M_2 和 M_3 决定，其中 M_1、M_2 随散射点的不同而不同，其引起的包络平移对不同的散射点也不相同；M_3 引起的包络移动则对所有散射点均相同。由此可知，在散射点不匹配时，散射点的相关能量分布于不同的距离单元，远小于式(3.15)中散射点匹配时的相关函数能量。

综合上述分析，式(3.15)忽略散射点不匹配求和项及转动分量对包络平移的影响，可简化为

$$R_{p,p+1}^{l}(\tau_{\mathrm{r}},t_{\mathrm{p}}) \approx \sum_{q=1}^{Q}\xi_q^2\cdot \mathrm{sinc}\left[\pi B\left(\tau_{\mathrm{r}}-\frac{2v_{\mathrm{r}}T_{\mathrm{p}}}{c}\right)\right]\cdot \exp\left[-\mathrm{j}2\pi f_c\frac{2(\tilde{x}_q\omega_0 T_{\mathrm{p}}+v_{\mathrm{r}}T_{\mathrm{p}})}{c}\right] \tag{3.18}$$

利用沿慢时间的 FFT 对式(3.18)进行频域相干积累，可得：

$$R^{l}(\tau_{\mathrm{r}},f_{\mathrm{p}}) \approx \sum_{q=1}^{Q}\xi_q^2\cdot \mathrm{sinc}\left[\pi B\left(\tau_{\mathrm{r}}-\frac{2v_{\mathrm{r}}T_{\mathrm{p}}}{c}\right)\right]\cdot \mathrm{sinc}(\pi T f_{\mathrm{p}})\cdot \exp\left[-\mathrm{j}2\pi f_c\frac{2(\tilde{x}_q\omega_0 T_{\mathrm{p}}+v_{\mathrm{r}}T_{\mathrm{p}})}{c}\right] \tag{3.19}$$

式中 f_{p}——方位多普勒频率；

T——成像积累时间。

对式(3.19)取模，可得：

$$|R^l(\tau_r,f_p)| \approx \sum_{q=1}^{Q} \xi_q^2 \cdot \left|\operatorname{sinc}\left[\pi B\left(\tau_r - \frac{2v_r T_p}{c}\right)\right]\right| \cdot |\operatorname{sinc}(\pi T f_p)| \quad (3.20)$$

由式(3.20)可知,检测式(3.20)峰值的位置就可以估计平动速度 v_r',从而构建相位补偿函数 $\exp\left(-j2\pi f_r \frac{2v_r' t_p}{c}\right)$,实现对 MIMO - ISAR 的一维距离像包络对齐。

3.3.2　基于改进 PGA 的相位自聚焦

由 3.2 节对 MIMO - ISAR 成像的目标运动分析可知,在 MIMO - ISAR 二维成像中,目标的运动分量除了平动分量 $\Delta R(t_p)$ 之外,还有一类特殊的运动分量 $\Delta R_e(t_p)$,该运动分量不仅随慢时间变化,而且随散射点距离单元的不同而不同,即具有距离空变性。现有 MIMO - ISAR 成像的自聚焦处理中,都只考虑线性变化的相位项,并没有考虑距离空变运动分量对相位的影响。然而,相位对距离变化比较敏感,厘米数量级波长的回波信号、毫米数量级的径向距离变化都会使相位产生较大变化。若在自聚焦中仅仅考虑线性相位,则会使得回波信号中存在残余相位,影响成像质量。

为解决这一问题,本节结合 MIMO - ISAR 二维成像相位误差模型的特点,对相位加权的相位梯度自聚焦方法(phase - weighted - estimation PGA, PWE - PGA)进行改进,并采用改进相位梯度法对 MIMO - ISAR 成像数据进行自聚焦处理,使成像质量提高。

由 3.2.2 节运动模型,可得第 q 个散射点包络对齐之后的回波信号:

$$s_l(\hat{t},t_p) \approx \xi_q \cdot s\left(\hat{t} - \frac{2R_q}{c}\right) \cdot \exp\left[-\frac{4\pi}{\lambda}(R_{l0} + \Delta r_q + \tilde{y}_q \omega t_p)\right] \cdot \exp\left[\frac{4\pi}{\lambda}\left(v_r t_p + \frac{x_0 v_x t_p}{R_q} + \frac{H v_z t_p}{R_q}\right)\right] \quad (3.21)$$

式中　λ——信号波长;

v_x、v_z——目标速度在 x 轴和 z 轴上的分量。

由式(3.21)可以看出,补偿掉第二个指数项即可使用 R - D 算法进行成像。那么需要补偿的相位为

$$\varphi_e(R_q,t_p) = \frac{4\pi}{\lambda}\left(v_r t_p + \frac{x_0 v_x t_p}{R_q} + \frac{H v_z t_p}{R_q}\right) \quad (3.22)$$

式(3.22)空时等效之后,表达式为

$$s = \xi_q \cdot s\left(\hat{t} - \frac{2R_q}{c}\right) \cdot \exp\left[-j\frac{4\pi}{\lambda}(R_0 + \Delta r_q + \tilde{y}_q \omega t)\right] \cdot$$

$$\exp[\mathrm{j}\varphi(t,R_q)]\cdot\exp[\mathrm{j}\varphi_{\mathrm{d}}(l)] \tag{3.23}$$

式中　$\varphi(t,R_q)$——周期为 T 的周期函数，即：

$$\varphi(t,R_q)\varphi(t+T_l,R_q)=\frac{4\pi}{\lambda}\left(v_{\mathrm{r}}t+\frac{x_0v_xt}{R_q}+\frac{Hv_zt}{R_q}\right) \tag{3.24}$$

回波 s 需要补偿第二、三个相位项之后才能进行 R – D 成像。

那么，由式(3.23)、式(3.24)可得，MIMO – ISAR 成像的需要补偿的相位为

$$\begin{aligned}\varphi_{\mathrm{e}}(R_q,t_{\mathrm{p}})&=\varphi_{\mathrm{d}}(l)+\frac{4\pi}{\lambda}v_{\mathrm{r}}t+\frac{4\pi}{\lambda}\left(\frac{x_0v_xt}{R_q}+\frac{Hv_zt}{R_q}\right)\\&=\varphi_{\mathrm{d}}(l)+\varphi_{\mathrm{r}}(t)+\varphi_q(t,R_q)\end{aligned} \tag{3.25}$$

由式(3.25)可以看出，MIMO – ISAR 成像的相位包含 $\varphi_{\mathrm{d}}(l)$、$\varphi_{\mathrm{r}}(l)$ 和 $\varphi_q(l)$ 三部分，其中 $\varphi_{\mathrm{d}}(l)$ 只与阵元位置有关，$\varphi_{\mathrm{r}}(t)$ 只与时间有关，$\varphi_q(t,R_q)$ 则与时间 t 和距离单元 R_q 均相关，而且相位与 t 之间的变化关系为锯齿形函数，函数不连续，PWE – PGA 算法不再适用。

另外，在 MIMO – ISAR 成像中，目标一般小于成像场景，目标只是占据少数距离单元，并不是所有的距离单元都包含散射点。选取单个距离单元数据的相位梯度估计很难满足 PWE – PGA 算法的要求，因此，在 ISAR 成像中一般采取多个距离单元数据相干叠加，以满足算法对数据样本质量的要求。但是，在 MIMO – ISAR 成像中，相位变化是随距离单元变化的，距离单元相干叠加提高数据样本质量的方法不再适用。

对于相位函数不连续和成像数据样本质量难以满足算法要求的问题，本书介绍一种改进的 PWE – PGA 算法，该算法通过空间采样数据相干叠加提高样本质量，在时间采样方向上估计相位误差，算法能够较好地完成 MIMO – ISAR 成像的自聚焦处理。具体阐述如下：

离散化式(3.23)，可得回波的离散形式为

$$\begin{aligned}s(n,m)=A(n,m)\cdot\exp\left[-\mathrm{j}\frac{4\pi}{\lambda}(R_0+\Delta r_q+\tilde{y}_q\omega m)\right]\cdot\\\exp(\mathrm{j}\varphi[n,R_q)]\cdot\exp[\mathrm{j}\varphi_{\mathrm{d}}(l)]\end{aligned} \tag{3.26}$$

利用归一化幅度方差法，在成像数据中选择 K 个特显点距离单元数据。

定义归一化幅度的方差 σ_n^2 为

$$\sigma_n^2=\sum_{m=1}^{M}[A(n,m)-\bar{A}_n]^2/\bar{A}_n^2 \tag{3.27}$$

式中　$A(n,m)$——第 n 个距离单元中第 m 个方位单元的信号幅度；

$\bar{A}_n$——第 n 个距离单元中所有方位单元的幅度的均值；

$\overline{A}_n^2$——第 n 个距离单元中所有方位单元的幅度的均方值。

一般而言，当 σ_n^2 大于 0.2 时，可将此距离单元看作特显点单元。

按照 σ_n^2 从大到小排列样本数据，构成特显点数据：

$$\boldsymbol{S}=[s_1,s_2,s_3,\cdots,s_K]_{M\times K} \tag{3.28}$$

其中，$\boldsymbol{S}_k=[s(k,1),s(k,2),\cdots,s(k,M)]^{\mathrm{T}}$，$M=LP$。将第 k 个特显点距离单元数据排列成 $L\times P$ 的矩阵：

$$\boldsymbol{S}_k=\begin{bmatrix} s_k(1) & s_k(2) & \cdots & s_k(P) \\ s_k(P+1) & s_k(P+2) & \cdots & s_k(2P) \\ \vdots & \vdots & & \vdots \\ s_k((L-1)P+1) & s_k((L-1)P+2) & \cdots & s_k(LP) \end{bmatrix} \tag{3.29}$$

那么，结合式(3.26)、式(3.29)，$\boldsymbol{S}_k$ 第 p 列数据可表示为

$$\begin{aligned}\boldsymbol{S}_{pk}(l)=&A(k,p)\cdot\exp\left[-\mathrm{j}\frac{4\pi}{\lambda}(R_0+\Delta r_q+\tilde{y}_q\omega p)\right]\cdot\\ &\exp[\mathrm{j}\varphi(k,p)]\cdot\exp[\mathrm{j}\varphi_{\mathrm{d}}(l)]\end{aligned} \tag{3.30}$$

式中　p——慢时间；

l——阵元位置变化；

k——距离单元。

式(3.30)中，信号的变化只与 l 有关，令

$$\boldsymbol{S}_{pk0}=A(k,p)\cdot\exp\left[-\mathrm{j}\frac{4\pi}{\lambda}(R_0+\Delta r_q+\tilde{y}_q\omega p)\right]\cdot\exp[\mathrm{j}\varphi(k,p)] \tag{3.31}$$

那么，式(3.30)可表示为

$$\boldsymbol{S}_{pk}(l)=\boldsymbol{S}_{pk0}\cdot\exp[\mathrm{j}\varphi_{\mathrm{d}}(l)] \tag{3.32}$$

由于 MIMO - ISAR 的阵列参数已知，因此可以构建相位因子 $\exp(\mathrm{j}\varphi_{\mathrm{d}}(l))$，对式(3.32)中的 L 个数据相干叠加。那么，叠加之后的数据表达式为

$$\begin{aligned}\boldsymbol{S}'_{pk}&=L\cdot A(k,p)\cdot\exp\left[-\mathrm{j}\frac{4\pi}{\lambda}(R_0+\Delta r_q+\tilde{y}_q\omega p)\right]\cdot\exp[\mathrm{j}\varphi(k,p)]\\ &=L\cdot A(k,p)\cdot\exp\left[-\mathrm{j}\frac{4\pi}{\lambda}(R_0+\Delta r_q+\tilde{y}_q\omega p)\right]\cdot\\ &\quad\exp\left\{\mathrm{j}\frac{4\pi}{\lambda}\left[v_r p+\frac{x_0v_xp}{R_q(k)}+\frac{Hv_zp}{R_q(k)}\right]\right\}\end{aligned} \tag{3.33}$$

由式(3.33)可知，在相干叠加之后，信号的幅度会提升为原来的 L 倍，样本数据的质量大幅提高，同时保留了在时间上连续的相位函数 $\exp[\mathrm{j}\varphi(k,p)]$。这样，MIMO - ISAR 成像自聚焦所面临的距离单元样本数据质量不高和相位函数

不连续的问题就得以解决，因此，就可以利用传统的 PWE－PGA 算法对相位误差进行补偿。

由于 x_0、v_x、H 及 v_z 均为常数，令 $\mu = x_0 v_x + H v_z$，则 μ 也为常数，相位误差估计就转变成参数 v_r 和 μ 估计，借鉴 PWE－PGA 算法，可构建 v_r 和 μ 的加权最小均方(weighted least square，WLS)估计为

$$\hat{\boldsymbol{\theta}} = (\boldsymbol{A}^{\mathrm{T}}\boldsymbol{M}\boldsymbol{A})^{-1}\boldsymbol{A}^{\mathrm{T}}\boldsymbol{M}\dot{\boldsymbol{\Omega}} \tag{3.34}$$

式中　$\boldsymbol{A}$——空变矩阵，$\boldsymbol{A} = \begin{bmatrix} 1 & R_{q1} \\ 1 & R_{q2} \\ \vdots & \vdots \\ 1 & R_{qk} \end{bmatrix}_{K\times 2}$；

$\boldsymbol{M}$——信噪比加权矩阵，$\boldsymbol{M} = \mathrm{diag}[m_1, m_2, \cdots, m_k, \cdots, m_K]_{K\times K}$；

m_k——第 k 个特显点距离单元的信噪比；

$\hat{\boldsymbol{\theta}}$——相位梯度估计矩阵，$\hat{\boldsymbol{\theta}} = \begin{bmatrix} v_r \\ \mu \end{bmatrix}$；

$\dot{\boldsymbol{\Omega}}$——样本梯度估计矩阵，$\dot{\boldsymbol{\Omega}} = \begin{bmatrix} \dot{\varphi}(1,:) \\ \dot{\varphi}(2,:) \\ \vdots \\ \dot{\varphi}(k,:) \\ \vdots \\ \dot{\varphi}(K,:) \end{bmatrix}_{K\times P}$。

其中，$\dot{\varphi}(k,:)$——第 k 个特显点样本单元的梯度估计；

基于上述分析，可总结 MIMO－ISAR 成像自聚焦中的改进 PWE－PGA 算法步骤如下。

第一步：距离单元样本数据选择。利用式(3.27)从成像数据中选取特显点数据，并依据方差从大到小对特显点距离单元数据进行排列，得到距离单元样本数据 $\boldsymbol{S}$；

第二步：将每一个距离单元样本数据按照式(3.29)进行重排，得到重排后数据 $\boldsymbol{S}'$，其中 $\boldsymbol{S}' = [\boldsymbol{S}_1, \boldsymbol{S}_2, \cdots, \boldsymbol{S}_K]$；

第三步：利用阵列参数构建相位因子 $\exp[\mathrm{j}\varphi_{\mathrm{d}}(l)]$，对 $\boldsymbol{S}_k$ 中的列向量相位补偿后相干叠加得到 $\boldsymbol{S}'_{pk}$；

第四步：利用相邻时刻求相位差分的方法求取样本相位梯度估计 $\dot{\varphi}(k,p)$，

其中 $\dot{\varphi}(k,p) = \angle\sum_{p=1}^{P}\boldsymbol{S}'_{p,k}\boldsymbol{S}'^{*}_{p+1,k}$；并利用 $\dot{\varphi}(k,p)$ 构建样本相位梯度估计矩阵 $\dot{\boldsymbol{\Omega}}$；

第五步：构建空变矩阵 $\boldsymbol{A}$、信噪比加权矩阵 $\boldsymbol{M}$，利用式(3.34)运算得到相位梯度估计矩阵 $\hat{\boldsymbol{\theta}}$；

第六步：构建相位补偿函数，对回波中的相位误差进行估计。

3.4　仿真实验

对于本章提出的运动误差补偿方法，采用仿真数据进行验证。参数设置：仿真采用 3 发 4 收 MIMO 雷达阵列，发射阵元坐标为(－300,0,0)(－180,0,0)(－60,0,0)，接收阵元坐标为(60,0,0)(90,0,0)(120,0,0)(150,0,0)，目标由 46 个散射点组成，位置图如图 3.3 所示。从目标中心到阵列中心的斜距 R_0 设为 10 000 m，目标做匀速直线运动，速度为 150 m/s，速度与 x、y、z 轴的夹角分别为 90°、0°、90°。

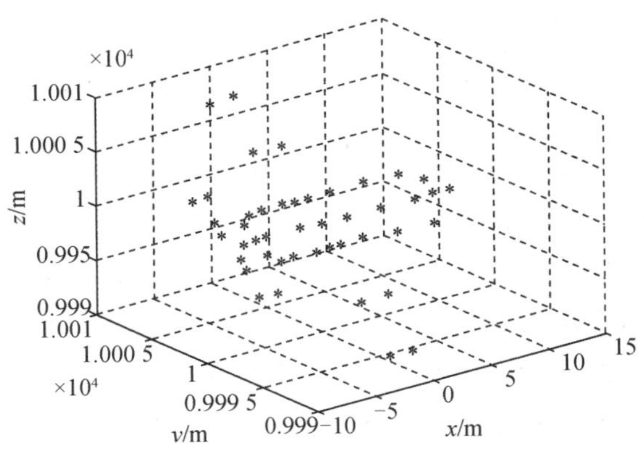

图 3.3　目标散射点位置图

仿真数据产生的雷达参数设置见表 3.1。

表 3.1　雷达参数

参数	数值
载频	10 GHz
信号形式	相位编码
信号带宽	500 MHz
采样率	1 GHz
脉冲宽度	80 ns
子脉冲宽度	2 ns
脉冲重复频率	400 Hz
脉冲积累时间	0.1 s

由此可基于上述参数设置，利用 MATLAB 仿真软件进行仿真实验。

仿真 1：包络对齐方法仿真

本仿真旨在验证所提算法在 MIMO - ISAR 成像包络对齐中的性能，分别利用分段相关法和本书方法对上述仿真参数设置下的仿真数据进行包络对齐处理。仿真结果如图 3.4 所示。

图 3.4 给出了分段相关法与本书方法的仿真结果。其中，图 3.4(a) 为 MIMO - ISAR 成像的原始数据，图 3.4(b) 和图 3.4(d) 分别为分段相关法的包络对齐结果和本书方法的包络对齐结果，图 3.4(c) 和图 3.4(e) 分别为两种包络对齐方法的局部放大图。由图 3.4(b) 和图 3.4(d) 可知，两种方法整体上均能够将一维距离像在距离上的走动对齐至参考距离单元；对比图 3.4(c) 和图 3.4(e) 可知，两种包络对齐方法在局部的对齐效果存在显著差异，图 3.4(c) 中成像数据的等高线曲线呈锯齿状变化，变化幅度为 1 ~2 个距离单元，表明对齐后一维距离像位置在距离上存在 1 ~2 个距离单元的偏差，而图 3.4(e) 中成像数据的等高线则比图 3.4(c) 平滑，一维距离像在距离上的偏差较小，表明本书方法的对齐效果相比分段相关法更好。为进一步验证两种方法的对齐效果，对两种方法的包络对齐数据进行成像处理（为保证仿真结果对比具有一致性，自聚焦处理采取特显点方法），成像结果如图 3.5 所示。

对比两种包络对齐方法的成像结果可以看出，图 3.5(b) 相比于图 3.5(a) 图像更清晰，聚焦效果更好；仿真计算可得图 3.5(a) 的图像熵为 11.362 8，图 3.5(b) 的图像熵为 10.812 9。由此可见，本书包络对齐方法的成像质量比分段相关法更好。

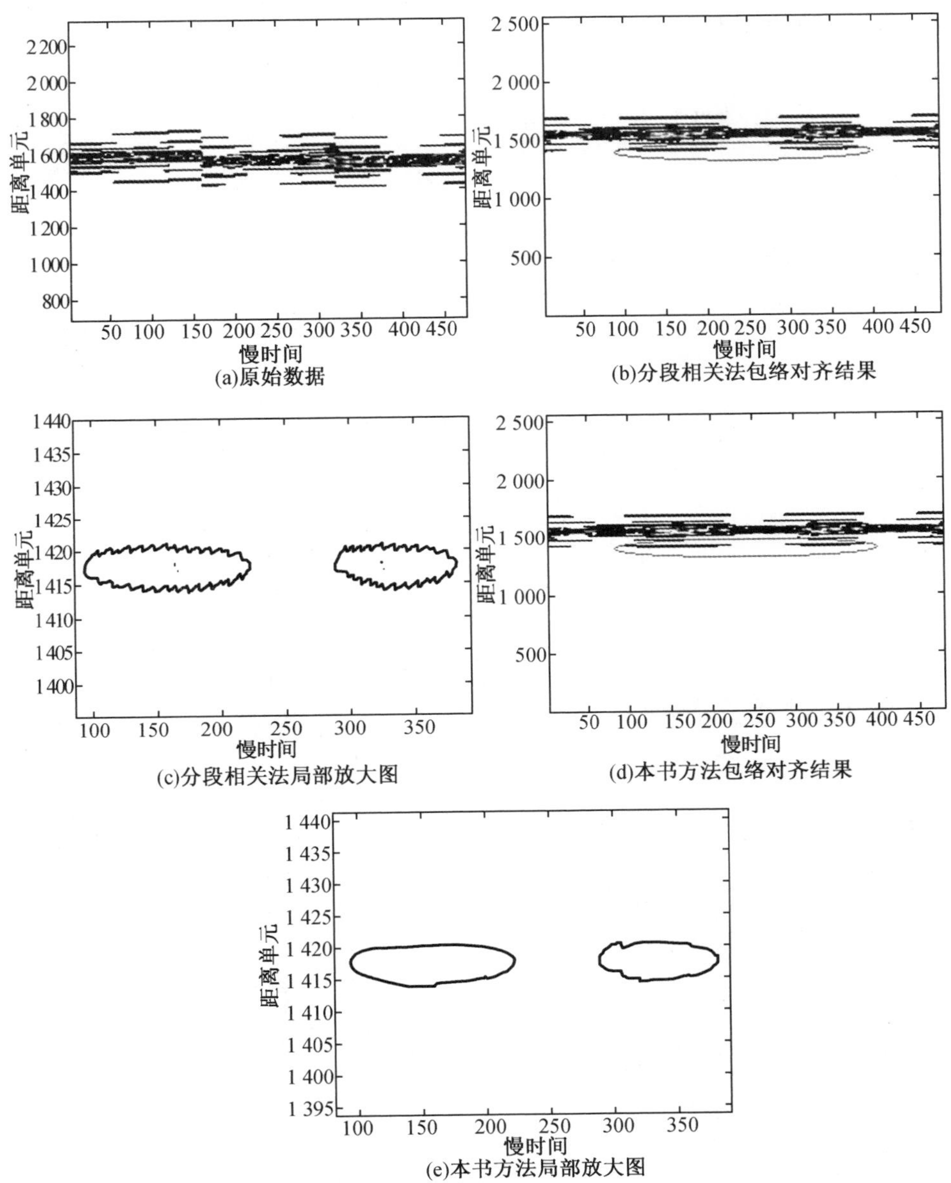

图 3.4　包络对齐方法仿真结果

仿真 2:相位自聚焦方法仿真

为验证本书的相位自聚焦方法的有效性,设置目标运动参数为:目标做匀速直线运动,速度为 150 m/s,速度与 x、y、z 轴的夹角分别为 60°、30°、90°。仿真对包络对齐之后的成像数据分别采用特显点法和本书改进的 PWE－PGA 方法进行相位自聚焦处理，成像结果如图 3.6 所示。

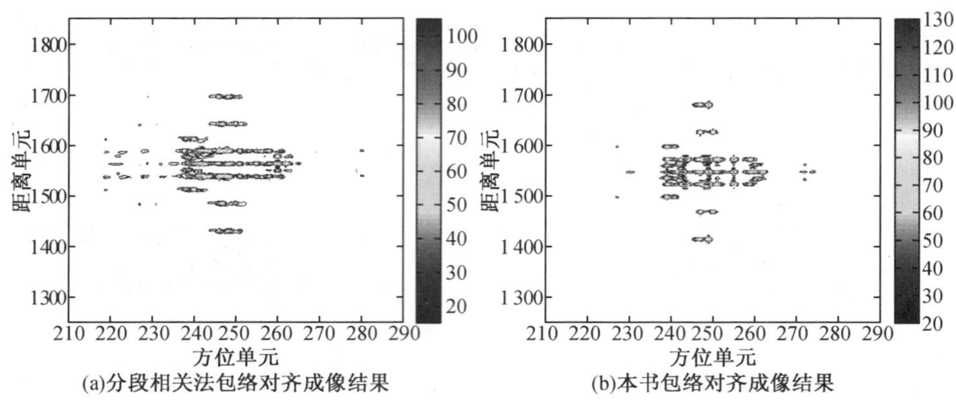

(a)分段相关法包络对齐成像结果

(b)本书包络对齐成像结果

图 3.5　成像结果对比

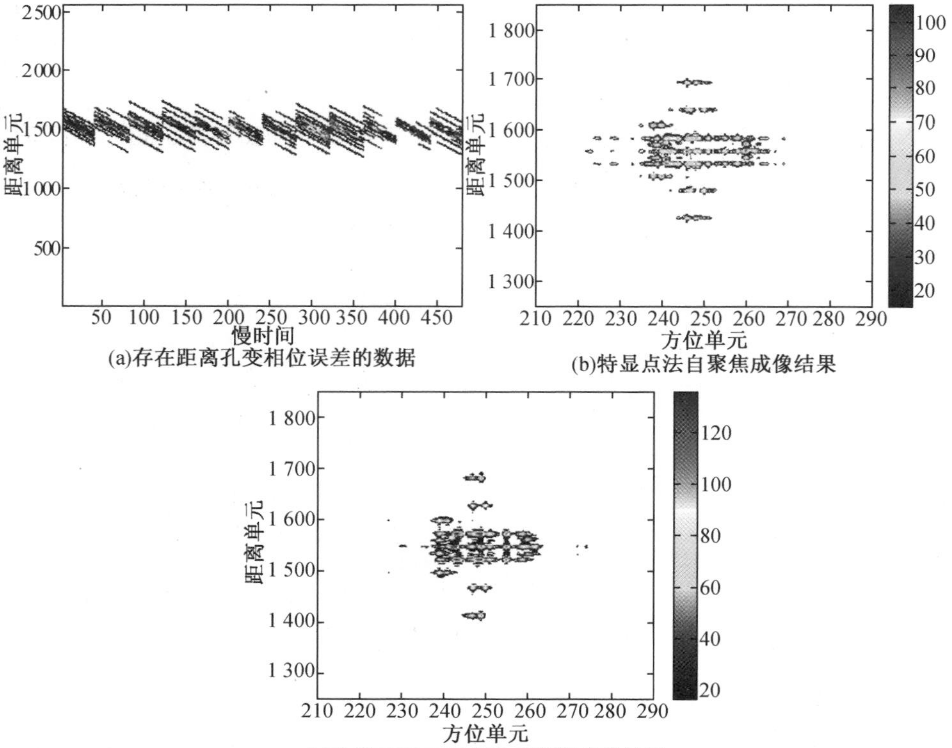

(a)存在距离孔变相位误差的数据

(b)特显点法自聚焦成像结果

(c)改进PWE-PGA相位自聚焦成像结果

图 3.6　不同自聚焦方法的仿真成像结果

图 3.6(a)为存在距离空变相位误差的成像数据(即目标运动速度与阵列方向之间存在夹角),图 3.6(b)和图 3.6(c)则分别为利用特显点自聚焦方法和本书改进的 PWE – PGA 自聚焦方法的成像结果,经仿真计算,二者的图像熵分别为 11.301 1 和 10.843 5。由仿真结果可以看出,相比于特显点法,改进 PWE – PGA 自聚焦方法的成像结果更清晰,聚焦效果更好,图像质量更高。这是由于改进 PWE – PGA 自聚焦方法考虑了成像数据中距离空变相位误差,补偿之后的成像数据相干性更好,因而可以获得高质量的成像结果。由此可得,在 MIMO – ISAR 成像中,运动补偿过程中要充分考虑目标垂直运动分量引入的距离空变相位误差,并针对相位误差的特点,采用合适的算法对其进行补偿,以提高成像的质量。

3.5　本章小结

基于 MIMO – ISAR 二维成像的一般模型,本章对运动补偿模型进行了分析,并根据运动分量不同的性质提出了不同的方法进行补偿。首先,在平动补偿中,针对相位编码正交波形互相关噪声散射点叠加造成的一维距离像相关性减弱,提出了基于广义相关与相邻相关峰值检测相结合的包络对齐方法,该方法可降低互相关噪声对包络对齐的影响,较传统方法对齐精度更高,成像结果更好;其次,针对 MIMO – ISAR 成像中的距离空变分量,采取改进加权相位自聚焦的方法进行补偿,相比目前的运动补偿方法,可获得质量更高的成像结果。

第 4 章　MIMO – ISAR 二维成像空时等效误差校正

4.1　引　言

由第 2 章回波信号模型分析可知，对于采用 R – D 算法进行 MIMO – ISAR 二维成像，成像数据均匀性对成像的影响很大，现有文献中对 MIMO – ISAR 成像的数据均匀化主要是采用空时等效思想通过一维插值的方法实现。由于目标转动速度估计存在误差，因此均匀化之后的数据依然均有微小的非均匀性，即存在空时等效误差。陈刚等针对空时不等效对成像的影响进行了定量分析，分析表明：存在空时等效误差的 MIMO – ISAR 成像数据，最终成像结果会出现虚假像，特别是距离参考点尺寸较大的散射点；得出了在空时等效失配情况下虚假目标的位置、数量及真假目标间幅度的定量关系式，为空时等效误差校正提供了有益借鉴；对 MIMO – ISAR 成像空时等效误差的校正方法研究则很少涉及。

针对空时等效不等效问题，首先从误差像与理想像的解析式出发，利用频域滤波思想进行理论推导，得出误差像与理想像之间的解析表达式，从而得到与失配率有关的空时等效误差矩阵，实现空时等效误差校正；然后，利用空间采样理论将非均匀的成像数据在一组 Riesz 上分解，并且成像数据在该组基张成的子空间具有稀疏性，因而可以使用稀疏求解的方法校正空时等效误差。

本章内容安排：4.2 节针对空时不等效引入的成像误差，推导出空时等效误差矩阵，提出了基于频域滤波的空时等效误差的校正方法，利用仿真实验验证了方法的有效性；4.3 节提出一种基于稀疏求解的空时等效误差校正方法，并对该方法进行了仿真验证，仿真结果表明该方法能够对空时等效误差有效校正；最后，对本章内容进行了小结。

4.2　基于频域滤波的 MIMO－ISAR 空时等效误差校正

针对 MIMO－ISAR 成像中的空时不等效问题，本章首先建立空时等效误差模型，并对其进行分析，根据频域重构思想推导出空时等效误差的校正模型；然后利用方位像熵最小的方法估计空时等效失配率，构建等效误差校正矩阵，实现对空时等效误差的校正；最后利用 MATLAB 数值仿真验证了这一方法的有效性。

4.2.1　空时等效误差建模及分析

如图 2.1 所示，在 MIMO－ISAR 理想成像模型条件下，目标以转速 Ω 在平面内转动，MIMO 雷达等效阵列均匀分布在以 O 为圆心，R_0 为半径的圆弧上，相邻阵元间的雷达视线夹角为 β。对于目标上任意点 $Q(x_q,y_q)$ 到第 l 个阵元的距离为目标上任意散射点 Q 的横向的信号模型为

$$s_q(\hat{t},t_{\mathrm{p}})=\xi_q s(\hat{t}-\tau_0)\cdot\exp\left[-\mathrm{j}\frac{4\pi}{\lambda}(R_0+y_q)\right]\cdot$$
$$\exp\left[-\mathrm{j}\frac{4\pi}{\lambda}x_q\Omega((l-1)T+t_{\mathrm{p}})\right]\tag{4.1}$$

式中　ξ_q——Q 点的散射系数，为便于分析，不妨设 $\xi_q=1$；

$s_0(t)$——脉冲压缩后的信号包络，即一维距离像；

λ——信号波长；

$\tau_0=\dfrac{2R_0}{c}$；

$\hat{t}$——快时间；

t_{p}——慢时间，$t_{\mathrm{p}}=p\cdot T_{\mathrm{p}},p=1,2,\cdots,P$；

$T=\dfrac{\beta}{\Omega}$。

理想情况下，对回波进行空时等效并做均匀化处理，则式(4.1)转化为

$$s_q(\hat{t},t_{\mathrm{p}})=s(\hat{t}-\tau_0)\cdot\exp\left(-\mathrm{j}\frac{4\pi}{\lambda}(R_0+y_q)\right)\cdot\exp\left(-\mathrm{j}\frac{4\pi}{\lambda}x_q\Omega u\right)\tag{4.2}$$

式中　$u=(i_u-1)\dfrac{T_u}{I_u},i_u=1,2,\cdots\cdots,I_u,I_u=P$。

由于目标非合作，其转动速度的估计值 $\hat{\Omega}$ 不可避免地存在误差，那么空时等效后的回波模型为

$$s_q(\hat{t},t_p)=s(\hat{t}-\tau_0)\cdot\exp\left[-j\frac{4\pi}{\lambda}(R_0+y_q)\right]\cdot$$
$$\exp\left\{-j\frac{4\pi}{\lambda}x_q\Omega[t_p+(l-1)(\hat{T}_q+\Delta T_q)]\right\} \tag{4.3}$$

式中 $\hat{T}_q=\dfrac{\beta}{\hat{\Omega}}$；

$\Delta T_q=T_q-\hat{T}_q$。

对(4.3)式进行重排并做均匀化处理，均匀化后的回波为

$$s_q(\hat{t},t_p)=s(\hat{t}-\tau_0)\cdot\exp\left[-j\frac{4\pi}{\lambda}(R_0+y_q)\right]\cdot\exp\left(-j\frac{4\pi}{\lambda}x_q\Omega u'\right) \tag{4.4}$$

式中 $u'=P(i_u-1)\Delta u_p+(l-1)\alpha\hat{T}_q$，其中 $\Delta u_p=\dfrac{\hat{T}_q}{P}$；$i_u=1,2,\cdots,P$；$l=1,2,\cdots,MN$；

α——失配率，$\alpha=\dfrac{\Delta T_q}{T_q}$，$0\leqslant\alpha<1$。

此时，回波数据在横向为周期非均匀采样。

显然，当 $\hat{T}_q=T_q$ 时，$\alpha=0$，数据重排后，横向采样间隔均匀，直接 FFT 即可获得目标的横向分辨；当 $\hat{T}_q\neq T_q$ 时，$\alpha\neq0$，回波数据采样间隔在横向依然是非均匀的，即存在空时等效误差，此时直接 FFT 处理会在横向出现虚假目标。

依据 u' 构建回波数据的离散傅里叶变换矩阵：

$$\boldsymbol{F}=\boldsymbol{\omega}\boldsymbol{u}^{\mathrm{T}} \tag{4.5}$$

式中 $\boldsymbol{\omega}$——$\dfrac{2n\pi}{MNP\Delta u_p}$，$n=1,2,\cdots,MNP$ 组成的列向量；

$\boldsymbol{u}$——u_p 时间序列组成的列向量。

那么，回波的离散傅里叶变换为

$$\begin{cases}\boldsymbol{G}=\boldsymbol{F}\boldsymbol{S}\\ \boldsymbol{S}=[\boldsymbol{s}_1,\boldsymbol{s}_2,\cdots,\boldsymbol{s}_j,\cdots,\boldsymbol{s}_J]\end{cases} \tag{4.6}$$

式中 $\boldsymbol{s}_j$——第 j 个距离单元的回波数据组成的列向量。

由于目标匀速转动，那么在空时等效误差不存在时，对式(4.6)离散傅里叶变换所得 $\boldsymbol{G}$ 即为目标的二维像，这里称为校正像，记为 $\boldsymbol{G}_0$；在等效误差存在时，由于傅里叶变换矩阵失配，$\boldsymbol{G}$ 会出现虚假目标，造成成像质量下降，书中称为误差像，记为 $\boldsymbol{G}_e$。

选取第 j 个距离单元的回波数据 s_j，利用式(4.6)对 s_j 进行离散傅里叶变

换有：

$$s_q(\hat{t},f_r) = S_0 \cdot \sum_{n=-\infty}^{\infty} \exp\left(-\mathrm{j}\frac{4\pi}{\lambda}x_q\Omega u'\right)\exp(-\mathrm{j}2\pi f_r u') \tag{4.7}$$

式中

$$S_0 = s(\hat{t}-\tau_0)\cdot\exp\left[-\mathrm{j}\frac{4\pi}{\lambda}(R_0+y_q)\right] \tag{4.8}$$

那么，式(4.7)进一步推导有：

$$\begin{aligned}
s_q(\hat{t},f_r) &= S_0\cdot\sum_{-\infty}^{\infty}\left[\int_{-\infty}^{\infty}X(f_q)\exp(\mathrm{j}2\pi f_q u')\mathrm{d}f_q\right]\cdot\exp(-\mathrm{j}2\pi f_r u')\\
&= S_0\cdot\sum_{l=-\infty}^{\infty}\frac{1}{2\pi}\sum_{p=-\infty}^{\infty}\left[\int_{-\infty}^{\infty}X(\omega_q)\exp(\mathrm{j}\omega_q(lPT+pT+\alpha T))\mathrm{d}\omega_q\right]\cdot\\
&\quad \exp(-\mathrm{j}\omega_r(lPT+pT+\alpha T))\\
&= S_0\cdot\frac{1}{2\pi}\sum_{p=-\infty}^{\infty}\left[\int_{-\infty}^{\infty}X(\omega_q)\sum_{l=-\infty}^{\infty}\exp(\mathrm{j}(\omega_q-\omega_r)lPT)\mathrm{d}\omega_q\right]\cdot\\
&\quad \exp(\mathrm{j}(\omega_q-\omega_r)(pT+\alpha T))\\
&= S_0\cdot\frac{1}{2\pi}\sum_{p=-\infty}^{\infty}\left[\int_{-\infty}^{\infty}X(\omega_q)\sum_{l=-\infty}^{\infty}\frac{2\pi}{PT}\cdot\delta(\omega_q-\omega_r+\frac{2l\pi}{PT})\mathrm{d}\omega_q\right]\cdot\\
&\quad \exp(\mathrm{j}(\omega_q-\omega_r)(pT+\alpha T))\\
&= S_0\cdot\frac{1}{T}\sum_{l=-\infty}^{\infty}A(l)X(\omega_q-\frac{2l\pi}{PT})
\end{aligned} \tag{4.9}$$

式中　$\omega_q = 2\pi f_q$；

$\omega_r = 2\pi f_r$；

$T = \Delta u_p$。

为讨论方便，可令 $S_0 = 1$，$X_d(\omega_q) = s_q(\hat{t},f_r)$，$X_c(\omega_q) = X(\omega_q)$。

由式(4.9)可知，$X_c(\omega_q)$为第 j 个距离单元的校正像，且与 p、α 无关。由此可得单个距离单元的误差像与校正像存在如下关系：

$$\begin{cases}
X_d\left(\omega_0+p\dfrac{2\pi}{MN\Delta u_p}\right)=\dfrac{1}{\Delta u_p}\displaystyle\sum_{l=1-\frac{MN}{2}}^{\frac{MN}{2}}A(k+p)X_c\left(\omega_0-l\dfrac{2\pi}{MN\Delta u_p}\right)\\
A(l) = \dfrac{1}{MN}\displaystyle\sum_{p=0}^{MN-1}\exp\left[-\mathrm{j}l\dfrac{2\pi}{MN}(p-1)\alpha\right]\exp\left(-\mathrm{j}l\dfrac{2\pi}{MN}p\right)
\end{cases} \tag{4.10}$$

式中　$X_d(\omega_0)$——误差像在 ω_0 处的值；

$X_c(\omega_0)$——校正像在 ω_0 处的值，$\omega_0 = \dfrac{2n\pi}{MNP\Delta u_p}$。

式(4.10)矩阵表示为

$$\boldsymbol{X}_{\mathrm{d}}=\boldsymbol{A}\boldsymbol{X}_{c} \tag{4.11}$$

式(4.11)中

$$\boldsymbol{X}_{\mathrm{d}}=\begin{bmatrix} X_{\mathrm{d}}(\omega_0) \\ X_{\mathrm{d}}\left(\omega_0+\dfrac{2\pi}{MN\Delta u_{\mathrm{p}}}\right) \\ \vdots \\ X_{\mathrm{d}}\left(\omega_0+q\dfrac{2\pi}{MN\Delta u_{\mathrm{p}}}\right) \\ \vdots \\ X_{\mathrm{d}}\left[\omega_0+(MN-1)\dfrac{2\pi}{MN\Delta u_{\mathrm{p}}}\right] \end{bmatrix} \tag{4.12}$$

$$\boldsymbol{X}_{c}=\begin{bmatrix} X_{c}\left(\omega_0-\dfrac{\pi}{\Delta u_{\mathrm{p}}}\right) \\ X_{c}\left(\omega_0+\dfrac{2\pi}{MN\Delta u_{\mathrm{p}}}-\dfrac{\pi}{\Delta u_{\mathrm{p}}}\right) \\ \vdots \\ X_{c}(\omega_0) \\ \vdots \\ X_{\mathrm{d}}\left[\omega_0+(MN-1)\dfrac{2\pi}{MN\Delta u_{\mathrm{p}}}-\dfrac{\pi}{\Delta u_{\mathrm{p}}}\right] \end{bmatrix} \tag{4.13}$$

$$\boldsymbol{A}=\begin{bmatrix} A\left(\dfrac{MN}{2}\right) & A\left(\dfrac{MN}{2}-1\right) & \cdots & A\left(-\dfrac{MN}{2}+1\right) \\ A\left(\dfrac{MN}{2}+1\right) & A\left(\dfrac{MN}{2}\right) & \cdots & A\left(-\dfrac{MN}{2}+2\right) \\ \vdots & \vdots & & \vdots \\ A\left(\dfrac{3MN}{2}-1\right) & A\left(\dfrac{MN}{2}-2\right) & \cdots & A\left(\dfrac{MN}{2}\right) \end{bmatrix} \tag{4.14}$$

综合式(4.5)、式(4.6)和式(4.11)，可得：

$$\boldsymbol{FS}=(\boldsymbol{A}\otimes\boldsymbol{I}_{P\times P})\boldsymbol{G}_0 \tag{4.15}$$

即：

$$\boldsymbol{G}_{\mathrm{e}}=(\boldsymbol{A}\otimes\boldsymbol{I}_{P\times P})\boldsymbol{G}_0 \tag{4.16}$$

式(4.15)、式(4.16)中，$\otimes$表示 kronecker 积，令 $\boldsymbol{H}=\boldsymbol{A}\otimes\boldsymbol{I}_{P\times P}$，误差像等于

校正像左乘矩阵 $\boldsymbol{H}$,$\boldsymbol{H}$ 只与失配率 α 有关,记 $\boldsymbol{H}$ 为空时等效误差矩阵,只要估计出失配率 α,就可以通过式(4.16)对空时等效误差进行校正。

4.2.2　空时等效误差校正算法

通过 4.2.1 节分析,得出了误差像与校正像之间的关系式。考察式(4.15)、式(4.16)可知:

$$\boldsymbol{G}_0 = \boldsymbol{H}^{\dagger}\boldsymbol{G}_{\mathrm{e}} \tag{4.17}$$

式中　$\boldsymbol{H}^{\dagger}$——$\boldsymbol{H}$ 的广义逆。

利用式(4.17)就可以实现空时等效误差的校正。综合上述分析,能否利用式(4.17)对空时等效误差进行校正,取决于两个关键问题:一是 $\boldsymbol{H}^{\dagger}$ 求解计算量的问题;二是空时等效失配率 α 是否已知。

因为 $\boldsymbol{H} = \boldsymbol{A} \otimes \boldsymbol{I}_{P\times P}$, $\boldsymbol{I}_{P\times P}$ 为单位阵,考察矩阵 $\boldsymbol{A}$ 可知,$\boldsymbol{A}$ 为 Toeplitz 矩阵,它的广义逆求解有快速算法,计算量为 $o(M^2)$。那么矩阵 $\boldsymbol{H}^{\dagger} = \boldsymbol{A}^{\dagger} \otimes \boldsymbol{I}_{P\times P}$,称 $\boldsymbol{H}^{\dagger}$ 为误差校正阵。

由式(4.15)、式(4.16),可得:

$$\boldsymbol{G}_0 = \boldsymbol{H}^{\dagger}\boldsymbol{F}\boldsymbol{S} \tag{4.18}$$

由于矩阵 $\boldsymbol{H}$、$\boldsymbol{F}$ 只与等效失配率 α 有关,$\boldsymbol{S}$ 为回波信号,因此:

$$\boldsymbol{G}_0 = \boldsymbol{G}_0(\alpha) \tag{4.19}$$

对校正像 $\boldsymbol{G}_0$ 求图像熵,有:

$$P(\boldsymbol{G}_0) = \sum_i \sum_j \left[-\frac{1}{S_g}\ln\left(\frac{G_0(i,j)}{\sum_i \sum_j G_0(i,j)}\right)\right] = P(\alpha) \tag{4.20}$$

式中,$S_g = \dfrac{\boldsymbol{G}_0(i,j)}{\sum_i \sum_j (\boldsymbol{G}_0(i,j))}$。那么:

$$\hat{\alpha} = \underset{0\leqslant\alpha<1}{\arg}\min(P(\boldsymbol{G}_0)) \tag{4.21}$$

由于求解式(4.21),需要对 α 全局搜索,且反复求图像熵,计算量较大,为减小运算量,可以选取特显点回波 $\boldsymbol{g}_0$,求方位像最小熵所对应的 α,即:

$$\hat{\alpha} = \underset{0\leqslant\alpha<1}{\arg}\min(P(\boldsymbol{g}_0)) \tag{4.22}$$

此处,特显点单元的选取方法一般采用归一化幅度方差法,归一化幅度计算公式为

$$\sigma_j^2 = \sum_{p=1}^{P} (A_j(p) - \bar{A}_j)^2 / \bar{A}_j^2 \tag{4.23}$$

式中　$A_j(p)$——第 j 个距离单元对应的第 p 个方位单元的信号幅度;

$\overline{A}_j$——第 j 个距离单元对应的所有方位单元的幅度均值；

$\overline{A_j^2}$——其均方值。

若 $\boldsymbol{\sigma}_j^2$ 大于某一阈值，可认为该距离单元为特显点单元。

使用式(4.22)所求得的 $\hat{\alpha}$ 即可构建误差校正阵 $\hat{\boldsymbol{H}}^{\dagger}$、$\hat{\boldsymbol{F}}$，则由式(4.16)可得校正后的目标像为

$$\hat{\boldsymbol{G}}_0 = \hat{\boldsymbol{H}}^{\dagger}\hat{\boldsymbol{F}}\boldsymbol{S} \tag{4.24}$$

综上所述，可总结 MIMO－ISAR 空时等效误差校正的步骤如下。

步骤 1：利用归一化幅度方差法选取特显点单元。即利用式(4.23)，从所有成像数据中，选取特显点单元数据，若回波信号中共有 K 个特显点单元，可构成特显点样本信号：$S=[s_1,s_2,s_3,s_4,\cdots,s_K]_{J\times K}$；

步骤 2：选取第 k 个特显点单元数据，构建其离散傅里叶变换矩阵 $\boldsymbol{F}$，求得第 k 个特显点单元数据的误差像 $\boldsymbol{g}_{ek}$；

步骤 3：设定 α 初始值，将其带入式(4.10)，构建空时等效误差矩阵 $\boldsymbol{A}$，求得 $\boldsymbol{g}_{0k}=\boldsymbol{A}\boldsymbol{g}_{ek}$，使用最优化方法求解式(4.22)，得出失配率的估计值 $\hat{\alpha}_k$；

步骤 4：重复步骤 2～步骤 3 过程，得出所有特显点单元数据对应的 α 估计值，记为 $\boldsymbol{\alpha}=[\hat{\alpha}_1,\hat{\alpha}_2,\hat{\alpha}_3,\cdots,\hat{\alpha}_K]$；

步骤 5：为保证 α 的估计精度，对其求平均值可得 $\hat{\alpha}=\dfrac{1}{K}\sum\limits_{k=1}^{K}\hat{\alpha}_k$；

步骤 6：使用 $\hat{\alpha}$ 构建空时等效误差校正矩阵，并带入式(4.24)对成像结果的空时等效误差进行校正。

4.2.3 仿真实验

仿真参数设置：仿真采用 3 发 4 收 MIMO 阵列，发射阵元坐标为(－300,0,0)(－180,0,0)(－60,0,0)，接收阵元坐标为(60,0,0)(90,0,0)(120,0,0)(150,0,0)。目标做匀速直线运动，目标阵列方向的运动速度估计误差为 7 m/s，即空时等效失配率为 0.046 7；目标散射点位置如图 4.1 所示。从目标中心到阵列中心的斜距 R_0 设为 10 000 m，搜索步长 $\mu=0.001$。

设置雷达参数见表 4.1。

表 4.1　雷达参数

载频	10 GHz
信号形式	相位编码
信号带宽	500 MHz

表 4.1(续)

采样率	1 GHz
脉冲宽度	80 ns
子脉冲宽度	2 ns
脉冲重复频率	400 Hz
脉冲积累时间	0.1 s

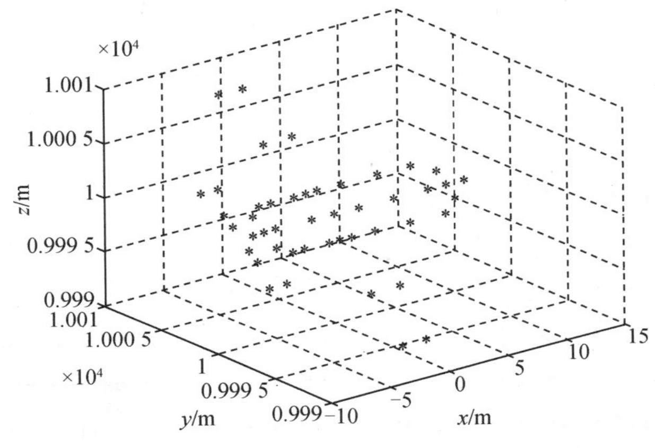

图 4.1　目标散射点位置图

仿真得出图 4.2 ~ 图 4.4。

图 4.2 为 50 次蒙特卡罗仿真所得特显点方位像的熵随失配率 α 的变化曲线,最小熵为 4.328,熵最小时所对应的 α 即为空时等效失配率的估计值,仿真所得 α 估计值为 0.046。

图 4.3 为空时等效误差校正前后的目标像对比。图 4.3(a)为目标散射点在 xOy 平面的投影位置,图 4.3(b)为校正前的目标像,从图中可以看出,由于存在空时等效误差,目标像在方位向会出现很多的虚假像,造成目标像模糊,成像质量下降,仿真求得图 4.3(b)的图像熵为 9.368 7;图 4.3(c)为校正后的目标像,仿真求得图 4.3(c)的图像熵为 8.896 5,对比图 4.3(b),图 4.3(c)虚假目标被有效抑制,图像清晰度更高,图像熵更小,成像质量提高,证明了该空时等效误差校正方法的有效性。

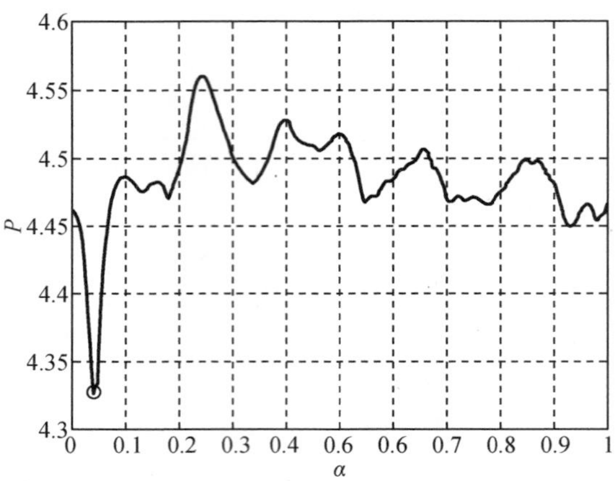

图 4.2　特显点方位像最小熵估计失配率估计

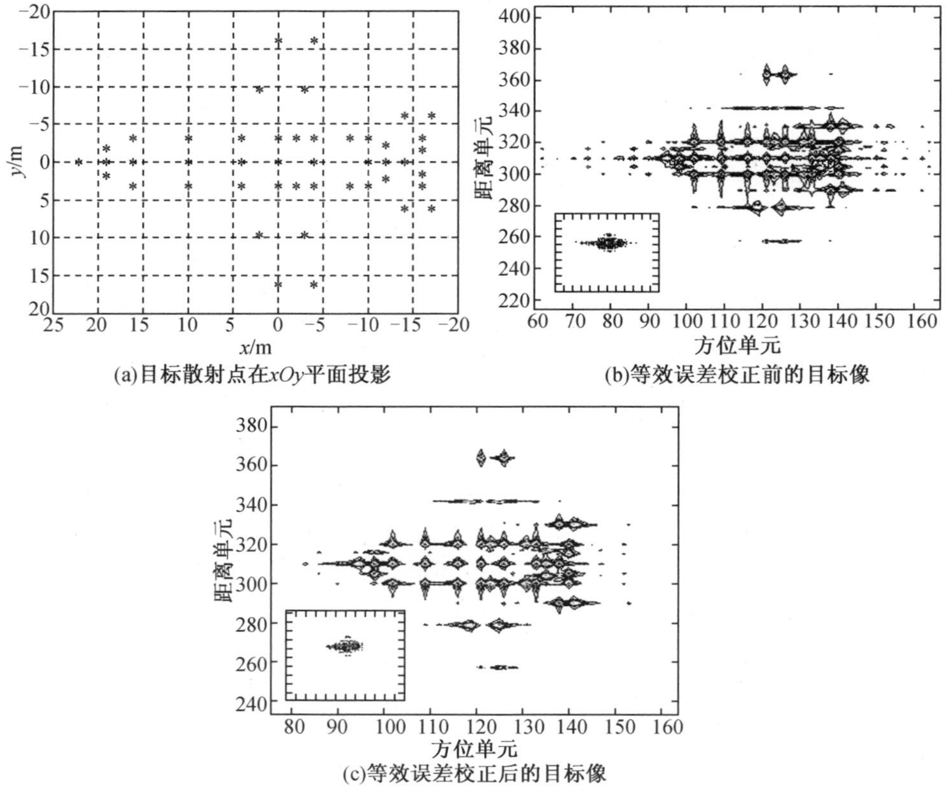

(a)目标散射点在xOy平面投影

(b)等效误差校正前的目标像

(c)等效误差校正后的目标像

图 4.3　空时等效误差校正前后目标像对比

图 4.4 为成像结果中第 310 距离单元的方位向剖面，其中图 4.4(a)实线曲线表示未校正的一维方位像，虚线曲线表示校正后的一维方位像，对比校正前后的一维方位像可知，通过本节方法校正之后，空时等效误差引起的方位向虚假像能够被很好地抑制；由图 4.4(b)中曲线对比可知，校正后方位像的主瓣幅度增大，旁瓣被压低。由此可知，本节校正方法的有效性。

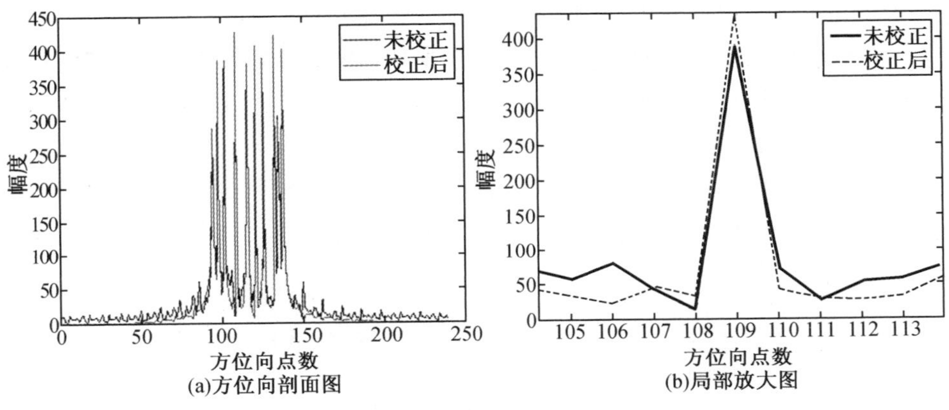

图 4.4　一维方位向剖面图

4.3　基于稀疏求解的空时等效误差校正

4.3.1　稀疏求解理论简介

稀疏求解的数学模型一般为

$$\boldsymbol{y}=\boldsymbol{A}\boldsymbol{x} \tag{4.25}$$

式中　$\boldsymbol{y}$——测量数据，$\boldsymbol{y}\in\mathbf{R}^{m}$；

$\boldsymbol{A}$——超完备的基矩阵，$\boldsymbol{A}\in\mathbf{R}^{m\times n}$，一般而言 $m<n$；

$\boldsymbol{x}$——需要求解的向量。

由于 $m<n$，式(4.25)所表示的线性方程欠定，$\boldsymbol{x}$ 具有无穷多个解。不过在稀疏求解理论中，由于 $\boldsymbol{x}$ 具有稀疏性，则 $\boldsymbol{x}$ 可以通过求解最小 L - 0 范数的优化问题得到，其表达式为

$$\min_{x}\|\boldsymbol{x}\|_0 \quad \text{s.t.}\ \ \boldsymbol{y}=\boldsymbol{A}\boldsymbol{x} \tag{4.26}$$

式中　$\|\boldsymbol{x}\|_0$——向量 x 中非零元素的个数。

由于 L－0 范数不连续，因而对式(4.26)的求解是一个 NP 难问题，一般在求解过程中并不是对式(4.26)直接进行优化求解。常见的方法主要有两类：贪婪算法与凸松弛算法。

1. 贪婪算法

常见的贪婪算法有匹配追踪（matching pursuit，MP）与正交匹配追踪（orthogonal matching pursuit，OMP）。该类算法的基本思想是通过迭代将局部最优逐步逼近最优解，其特点是运算简单、易于使用，但收敛速度过慢，容易陷入局部最优解。另外，还有一些基于贪婪算法的改进算法，如高分辨追踪算法、多面体追踪算法、弱匹配追踪以及定向追踪等。

2. 凸松弛算法

凸松弛算法的基本思路是将式(4.26)的 L－0 范数由 L－1 范数代替，将优化求解表达式转化为

$$\min_{x}\|\boldsymbol{x}\|_1 \quad \text{s.t.} \quad \boldsymbol{y}=\boldsymbol{A}\boldsymbol{x} \tag{4.27}$$

式中　$\|\boldsymbol{x}\|_1$——向量 $\boldsymbol{x}$ 的 L－1 范数。

那么，该凸优化问题就可以通过经典的最优化求解方法进行解算，如线性规划等算法。

有关式(4.27)的求解，常见算法为基追踪（basis pursuit，BP）算法，相比贪婪算法，BP 算法具有更高的精度，但是计算时间较长。在 BP 算法使用中，研究者们根据不同应用演化出不同优化模型。

噪声环境中，稀疏信号的求解模型为

$$\min_{x}\|\boldsymbol{x}\|_1 \quad \text{s.t.} \quad \|\boldsymbol{y}-\boldsymbol{A}\boldsymbol{x}\|_2<\varepsilon \tag{4.28}$$

式中　ε——用来衡量环境中的噪声水平。

该模型一般被称为不等式约束下的基追踪算法（basis pursuit with inequality constraints，BPIC）。

常用于图像处理的拉格朗日模型：

$$\min_{x}\|\boldsymbol{x}\|_1+\mu\|\boldsymbol{y}-\boldsymbol{A}\boldsymbol{x}\|_2 \tag{4.29}$$

一般称为基追踪去噪（basis pursuit de－nosing，BPDN）算法。

统计处理中的 LASSO 模型：

$$\min_{x}\|\boldsymbol{y}-\boldsymbol{A}\boldsymbol{x}\|_2 \quad \text{s.t.} \quad \|\boldsymbol{x}\|_1\leqslant\tau \tag{4.30}$$

除此之外，其他稀疏求解算法还有非凸局部最优化算法，常见的如 FOCUSS 算法以及贝叶斯类算法。

4.3.2　算法原理

由式(4.1)可得,单个距离单元内成像数据信号模型为

$$s[(l-1)T+t_{\mathrm{p}}]=\sum_{q=1}^{Q}\exp\left[-\mathrm{j}\frac{4\pi}{\lambda}(R_0+y_q)\right]\cdot\exp\left\{-\mathrm{j}\frac{4\pi}{\lambda}x_q\Omega[(l-1)T+t_{\mathrm{p}}]\right\} \tag{4.31}$$

式中　$t_{\mathrm{p}}=p\cdot T_{\mathrm{p}}, p=0,1,2,\cdots,P-1$,那么,$s[(l-1)T+t_{\mathrm{p}}]$相当于对连续信号 $s(t)$的采样,即:

$$s_{\mathrm{p}}(t)=s[(l-1)T+t_{\mathrm{p}}]\sum_{l=1}^{L}\delta[t-(l-1)T-t_{\mathrm{p}}] \tag{4.32}$$

对式(4.32)等号两边傅里叶变换有:

$$\begin{aligned}S_{\mathrm{p}}(\omega)&=\frac{1}{T}\sum_{l=1}^{L}S\left(\omega-\frac{2\pi l}{T}\right)\exp\left(-\mathrm{j}\frac{2\pi lpT_{\mathrm{p}}}{T}\right)\\&=\frac{1}{T}\sum_{l=1}^{L}S\left(\omega-\frac{2\pi l}{T}\right)\exp[-\mathrm{j}2\pi lp(1-\alpha)]\end{aligned} \tag{4.33}$$

式中　$S_{\mathrm{p}}(\omega)$——第 p 个快拍成像数据的频谱;

$S(\omega)$——信号 $s(t)$的频谱;

α——失配率。

由空间采样理论,信号 $s(t)$为子空间 $V(\varphi)$的元素,$V(\varphi)$的空间生成函数为 $W(t)=[\varphi_0(t),\varphi_1(t),\varphi_2(t),\cdots,\varphi_{K-1}(t)]^{\mathrm{T}}$,生成函数的阶数为 K。那么,空间 $V(\varphi)$的集合表达式为

$$V(\varphi)=\left\{\sum_{k=0}^{K-1}\sum_{n\in\mathbf{Z}}r_k[n]\varphi_k(t-nT):r_k[n]\in L_2\right\} \tag{4.34}$$

式中　Z——整数集合;

$\varphi(t)$——空间生成函数。

那么对于子空间 $V(\varphi)$中的信号 $s(t)$,可以表示为

$$s(t)=\sum_{k=0}^{K-1}\sum_{n\in Z}r_k[n]\varphi_k(t-nT) \tag{4.35}$$

为保证任意信号 $s(t)\in V(\varphi)$可以用非零系数 $r_k[n]$表示,空间生成函数 $\varphi_k(t-nT)$须构成空间上的一组 Riesz 基,即对正常数 $A>0,B<\infty$,严格满足:

$$A\sum_{k=0}^{K-1}\sum_{n\in\mathbf{Z}}|r_k[n]|^2<\left\|\sum_{k=0}^{K-1}\sum_{n\in\mathbf{Z}}r_k[n]\varphi_k(t-nT)\right\|_2^2<B\sum_{k=0}^{K-1}\sum_{n\in\mathbf{Z}}|r_k[n]|^2 \tag{4.36}$$

式中 $|\cdot|$——L-1 范数；

$\|\cdot\|$——L-2 范数。

显然，对式(4.34)~(4.36)推导是基于单一空间 $V(\varphi)$ 的，对于多散射点的距离单元成像数据，需要使用联合子空间进行描述，定义联合子空间：

$$\Psi(\varphi)=\bigcup_{k}V_{k}(\varphi) \tag{4.37}$$

使得 $x(t)\in\Psi(\varphi)$，式(4.37)中：

$$x(t)=\sum_{k}s_{k}(t) \tag{4.38}$$

对(4.34)式傅里叶变换可得：

$$S(\omega)=\sum_{k=0}^{K-1}R_{k}(\omega)\Phi_{k}(\omega) \tag{4.39}$$

式中 $R_k(\omega)$——$r_k[n]$ 的傅里叶变换；

$\Phi_k(\omega)$——生成函数 $\varphi_k(t)$ 的傅里叶变换。

将式(4.39)带入式(4.33)可得：

$$\begin{aligned}S_{\mathrm{p}}(\omega)&=\frac{1}{T}\sum_{l=1}^{L}\sum_{k=0}^{K-1}R_{k}\left(\omega-\frac{2\pi l}{T}\right)\Phi_{k}\left(\omega-\frac{2\pi l}{T}\right)\exp[-\mathrm{j}2\pi lp(1-\alpha)]\\&=\frac{1}{T}\sum_{k=0}^{K-1}R_{k}(\omega)\sum_{l=1}^{L}\Phi_{k}\left(\omega-\frac{2\pi l}{T}\right)\exp[-\mathrm{j}2\pi lp(1-\alpha)]\end{aligned} \tag{4.40}$$

式中，$R_k(\omega)$ 为周期 $\frac{2\pi}{T}$ 的周期函数。

将 P 次快拍数据依次排列成列向量：

$$\boldsymbol{S}(\omega)=[S_{0}(\omega),S_{1}(\omega),S_{2}(\omega),\cdots,S_{P-1}(\omega)]^{\mathrm{T}} \tag{4.41}$$

那么：

$$\boldsymbol{S}(\omega)=\boldsymbol{H}(\omega)\boldsymbol{R}(\omega) \tag{4.42}$$

式中

$$\boldsymbol{R}(\omega)=[R_{0}(\omega),R_{1}(\omega),R_{2}(\omega),\cdots,R_{K-1}(\omega)]^{\mathrm{T}} \tag{4.43}$$

$$\boldsymbol{H}(\omega)=\begin{bmatrix}h_{0,0}&h_{0,1}&\cdots&h_{0,K-1}\\h_{1,0}&h_{1,1}&\cdots&h_{1,K-1}\\\vdots&\vdots&&\vdots\\h_{P-1,0}&h_{P-1,0}&\cdots&h_{P-1,K-1}\end{bmatrix}$$

其中

$$h_{p,k}=\frac{1}{T}\sum_{l=1}^{L}\Phi_{k}\left(\omega-\frac{2\pi l}{T}\right)\exp[-\mathrm{j}2\pi lp(1-\alpha)] \tag{4.44}$$

由上述分析可知，在式(4.1)所示的信号模型下，$\boldsymbol{R}(\omega)$ 实际上就是当前距离单元成像数据的理想方位像。因此，对于 MIMO - ISAR 成像空时等效误差校正问题就转化成式(4.42)的求解问题。假设失配率 α 已知，就可以构建矩阵 $\boldsymbol{H}(\omega)$，通过求解式(4.42)就可以实现空时等效误差校正。在 $P>K$ 时，式(4.42)为超定方程，通过对矩阵 $\boldsymbol{H}(\omega)$ 求逆，就可以得出方程的解；而 $P<K$ 时，方程欠定，此时方程有无穷多个解。

4.3.3　算法实现

由 4.3.2 节算法原理推导，可将 MIMO－ISAR 成像的空时等效误差校正问题转化成了矩阵方程求解问题。但是，求解该方程依然存在两个问题：一是失配率 α 未知，无法构建矩阵 $\boldsymbol{H}(\omega)$；二是 MIMO－ISAR 成像积累时间很小，不能保证 $P>K$，造成方程欠定，方程有无穷多个解。为解决这两个问题，本书采用基于稀疏求解算法对 MIMO－ISAR 空时等效误差校正。

对单个距离单元，散射点个数相对于方位向场景宽度而言具有稀疏性。假设第 j 个距离单元具有 Q_j 个散射点，那么该距离单元的信号即为稀疏度为 Q_j 的稀疏信号。也就是说，对于联合子空间 $\Psi(\varphi)$ 中至多存在 Q_j 个不为零的系数 $r_k[n]$，由此可知，在失配率 α 已知的条件下，可以通过最小 L－0 范数求解得到其唯一稀疏解，即：

$$\min\|\boldsymbol{R}(\omega)\|_0 \quad \text{s.t.} \quad \boldsymbol{S}(\omega)=\boldsymbol{H}(\omega)\boldsymbol{R}(\omega) \tag{4.45}$$

在满足稀疏重构条件：

$$\|\boldsymbol{R}(\omega)\|_0<\frac{\operatorname{spark}(\boldsymbol{H}(\omega))}{2}$$

时，就可以利用式(4.45)的最小 L－0 范数进行最优化求解，得到式(4.42)的唯一稀疏解。其中，spark(·)表示矩阵 $\boldsymbol{H}(\omega)$ 的最小无关的列数。

但是，对于 MIMO－ISAR 成像空时等效误差校正，失配率 α 为未知量，因而式(4.45)表示为

$$\min\|\boldsymbol{R}(\omega)\|_0 \quad \text{s.t.} \quad \boldsymbol{S}(\omega)=\boldsymbol{H}(\omega,\alpha)\boldsymbol{R}(\omega) \tag{4.46}$$

因此，如何求解式(4.46)成为空时误差校正的关键问题。

由上述分析可知，对于该问题，失配率 α 的估计是其中的关键环节，此处分别提出特显点方位像最小熵的 α 估计的估计算法，具体如下：

对于 α 的估计，由于已知方程(4.46)，可以采用 4.2 节提出的基于最小熵准则的失配率估计方法。

首先，令生成函数为

$$\varphi_k(t)=\varphi(t)\exp\left(\frac{\mathrm{j}2\pi k\tau}{T}\right) \tag{4.47}$$

式中，$\varphi(t)=\operatorname{sinc}\left(\frac{t}{T}\right)$，由辛克函数性质，可以证明由它组成生成函数可以构成空间 $V(\varphi)$ 中的一组基，因而信号 $s(t)$ 可以在空间 $V(\varphi)$ 中被唯一的系数 $r_k[n]$ 表示。利用式(4.44)所示的生成函数即可构成矩阵 $\boldsymbol{H}(\omega)$，由于生成函数构成空间 $V(\varphi)$ 中的一组基，所以其最大线性无关列数 $\operatorname{spark}(\boldsymbol{H}(\omega))=P$。

其次，在 α 未知时，由(4.44)式可得：

$$\boldsymbol{S}(\omega)=\boldsymbol{H}(\omega,\alpha)\boldsymbol{R}(\omega,\alpha) \tag{4.48}$$

在满足 $P>K$ 条件时，

$$\boldsymbol{R}(\omega,\alpha)=\boldsymbol{H}^{\dagger}(\omega,\alpha)\boldsymbol{S}(\omega) \tag{4.49}$$

“†”表示矩阵广义逆，那么，由式(4.49)可得失配率 α 的估计：

$$\hat{\alpha}=\arg\min_{0<\alpha<1}[P(\boldsymbol{R}(\omega,\alpha))] \tag{4.50}$$

式中　$P(\boldsymbol{R}(\omega,\alpha))$——$\boldsymbol{R}(\omega,\alpha)$ 的熵。

由于 $\boldsymbol{R}(\omega,\alpha)$ 表示不同 α 情况下的校正像，当失配率恰好匹配时，校正效果最好，因而可以利用 $\boldsymbol{R}(\omega,\alpha)$ 熵最小的原则，对失配率进行估计。然而，对于成像数据而言，并不总是能够满足 $P>K$ 的条件，因此在利用式(4.50)对失配率进行估计时，须考虑这一问题。由于失配率在各个距离单元均是相同的，因此可以通过选取特显点的方法来解决。在特显点单元，一般认为散射点数为 1，满足式(4.50)求解条件。

在得到失配率 α 估计值的基础上，就可以构建稀疏矩阵 $\boldsymbol{H}(\omega)$，通过求解式(4.39)即可得到空时等效误差校正后的像。然而，直接通过 L－0 范数求解式(4.42)为 NP 难问题，通常将 L－0 范数转换为 L－1 范数进行最优化求解。即：

$$\min\|\boldsymbol{R}(\omega)\|_1 \quad \text{s.t.} \quad \|\boldsymbol{S}(\omega)-\boldsymbol{H}(\omega)\boldsymbol{R}(\omega)\|_2<\varepsilon \tag{4.51}$$

式中　ε——噪声水平；

　　$\|\cdot\|_2$——向量的 L－2 范数。

综合上述稀疏求解法分析，可得算法步骤为

步骤 1：利用式(4.23)选取特显点单元，利用式(4.33)对第 p 次快拍数据做离散傅里叶变化，得到频域数据 $S_{\mathrm{p}}(\omega)$，并对 $S_{\mathrm{p}}(\omega)$ 按照快拍依次排列，得到 $\boldsymbol{S}(\omega)=[S_0(\omega),S_1(\omega),S_2(\omega),\cdots,S_{P-1}(\omega)]^{\mathrm{T}}$；

步骤 2：给定失配率 α 初始值，$0<\alpha<1$，选择式(4.47)所示的空间生成函数，构建矩阵 $\boldsymbol{H}(\omega,\alpha)$；

步骤 3：利用式(4.49)、式(4.50)对 α 进行估计，得到 $\hat{\alpha}$；

步骤 4：利用步骤 3 得到的 $\hat{\alpha}$ 构建稀疏矩阵 $\boldsymbol{H}(\omega)$，并利用式(4.51)对每一

个距离单元数据进行稀疏求解，得到空时等效误差校正之后的像。

4.3.4　仿真实验

本节仿真参数设置与 4.2.3 节相同，仿真结果如下：

仿真 1：失配率估计算法仿真

失配率估计是空时等效误差校正的先决条件，本仿真旨在分析估计算法的稳定性，给出不同信噪比条件下的仿真结果。其中，图 4.5 为 20 dB 信噪比条件下，本节估计算法与 4.2 节估计算法的一维方位像熵与失配率的变化关系。其中，实线曲线为 4.2 节方法仿真结果，虚线曲线为 4.3 节方法仿真结果。

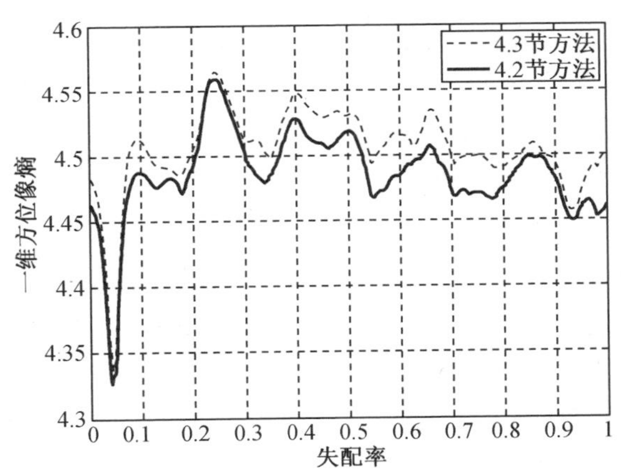

图 4.5　最小熵失配率估计

由图 4.5 可以看出，在信噪比 20 dB 条件下，4.2 节、4.3 节提出的失配率估计算法，都可以利用最小熵的方法对失配率进行估计。仿真可得，两种方法估计的失配率分别为 0.046 和 0.047。为进一步了解算法的估计性能，对不同信噪比条件下的失配率估计进行 50 次蒙特卡洛仿真，可得不同信噪比条件下失配率估计均方误差，变化曲线如图 4.6 所示。

图 4.6 中虚线曲线为方法 1 所对应的均方误差曲线，实线则为本节方法对应的均方误差曲线。由图 4.6 可以看出，随着信噪比的增大，失配率估计误差越小，其中在信噪比大于 8 dB 时，本节方法失配率的估计误差小于 0.001，信噪比为 2 dB 时，失配率估计误差最大，为 0.002 3。由此可见，本节的失配率估计方法在低信噪比时，估计性能更好。

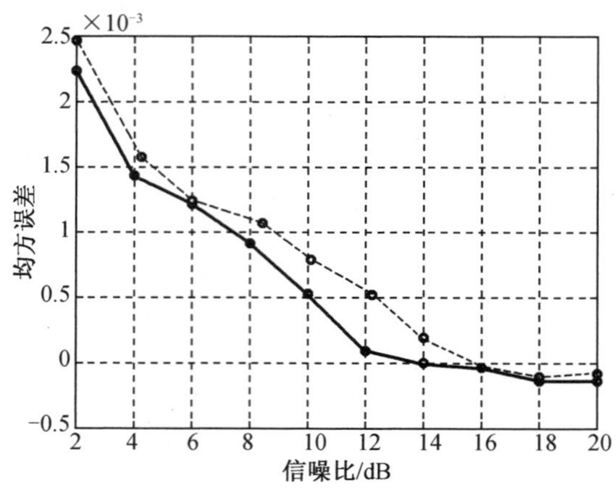

图 4.6　不同信噪比下的估计均方误差

仿真 2:基于稀疏求解的空时等效误差校正

仿真 2 给出了稀疏求解校正空时等效误差方法以及 4.2 节校正方法的仿真结果,图 4.7 为目标真实的散射点位置,图 4.8 为基于图 4.8(a)为未校正之前的成像结果,图 4.8(b)为 4.2 节方法校正后的成像结果(注:为与稀疏求解的成像结果方位向点数一致,图 4.8(a)(b)在方位向进行了 1 024 点插值),图 4.8(c)(d)为本节基于稀疏求解的校正方法成像结果,稀疏求解分别采用 OMP 算法和 FOUCSS 算法求解。

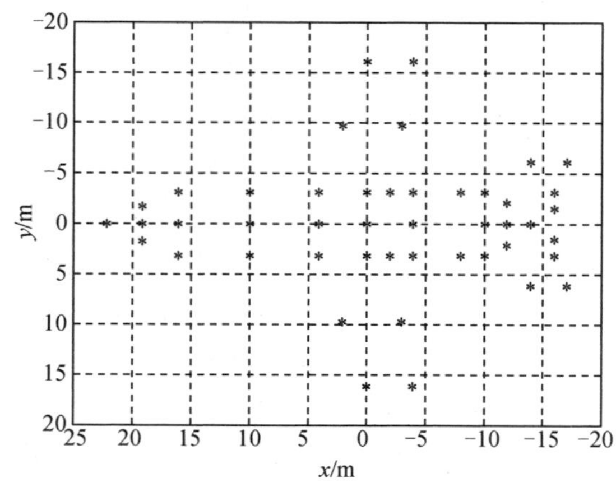

图 4.7　目标散射点位置

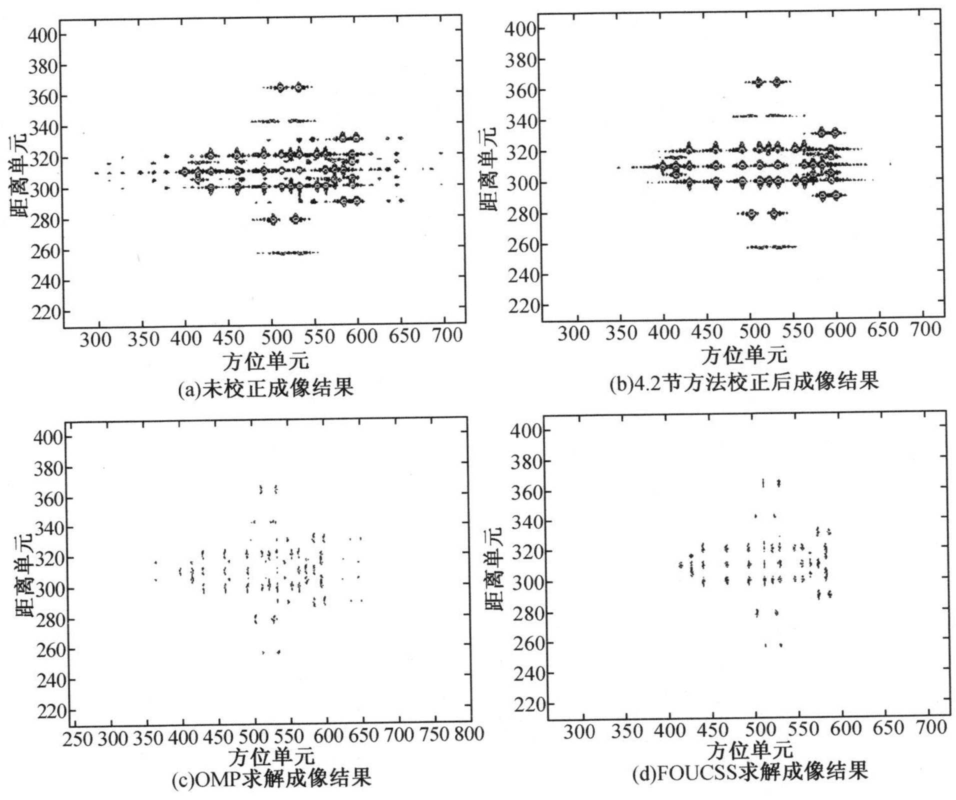

图 4.8　基于分步稀疏求解的成像结果

由图 4.8 成像结果可以看出,利用 OMP 算法和 FOUCSS 算法的稀疏求解可以较好地对 MIMO - ISAR 成像中的空时等效误差进行校正,验证了方法的有效性。相比于利用 4.2 节算法所得的校正后成像结果,本节方法的成像结果更为清晰,成像质量更好,在抑制虚假目标以及噪声方面具有优势。

为验证 4.2 节、4.3 节算法在低信噪比条件下的误差校正性能,此处给出信噪比为 10 dB 时的成像结果,仿真结果如图 4.9 所示。

图 4.9(a)为 4.2 节校正算法的成像结果,图 4.9(b)为利用 OMP 算法稀疏求解的校正算法成像结果,图 4.9(c)为利用 FOUCSS 算法稀疏求解的校正算法成像结果。由图中仿真结果可以看出,在低信噪比情况下,4.2 节校正方法失效,无法对成像中的空时等效误差进行校正,稀疏求解方法的成像结果则能够对等效误差以及噪声的影响进行抑制,得到清晰的成像结果;而且在稀疏求解过程中,FOUCSS 算法的校正结果好于 OMP 算法的校正结果。由此可见,基于稀疏求解的空时等效校正方法较 4.2 节方法在低信噪比情况下具有更好的性能。

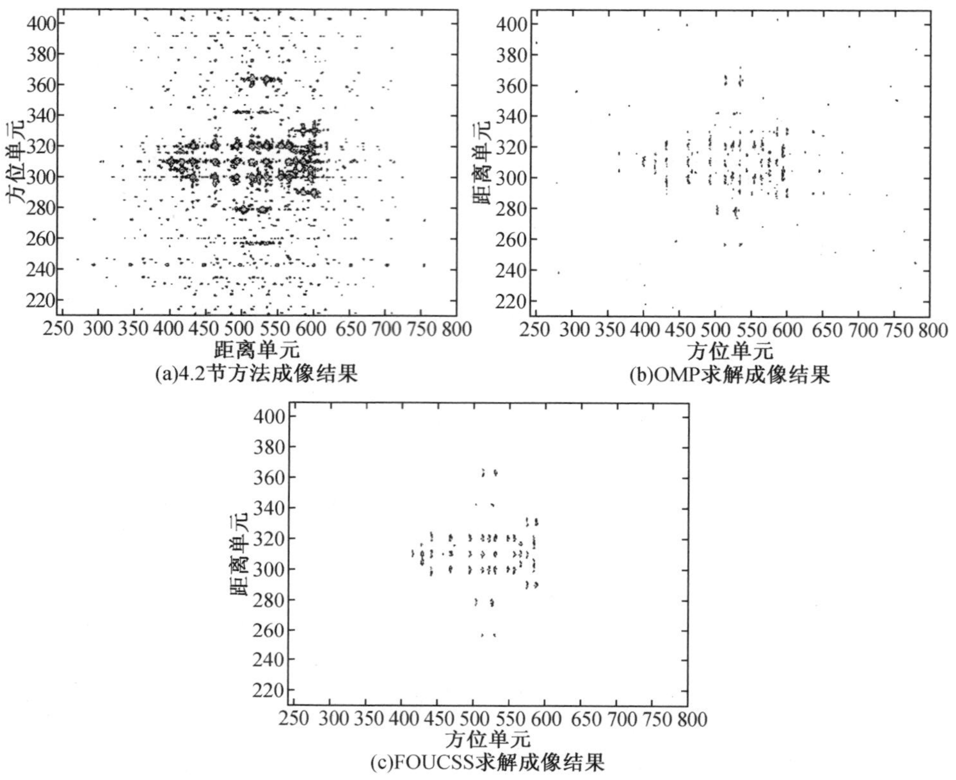

图 4.9　低信噪比空时等效误差校正结果

4.4　本 章 小 结

本章针对 MIMO－ISAR 二维成像中存在空时等效误差问题，提出了一种基于频域滤波的空时等效误差校正方法，该方法能够对空时等效误差对成像的影响予以校正，使得成像结果更清晰，成像质量更高，但是该方法对噪声敏感，在低信噪比条件下将会失效；为此本章提出一种基于稀疏求解的空时等效误差校正方法，该方法基于信号空间采样理论，将成像数据在一组 Riesz 进行分解，理论推导证明成像数据在该组基张成的子空间上具有稀疏性，基于这一结论建立了存在误差信号的稀疏表示形式，通过稀疏求解对空时等效误差进行校正。该方法能够对空时等效误差抑制，得到高质量的成像结果，仿真验证了方法的有效性，进一步仿真表明稀疏求解方法在低信噪比情况下具有更好的性能。

第5章　MIMO－ISAR时域成像算法研究

5.1　引　　言

对于 MIMO－ISAR 成像方法的研究，多数仍集中于如何将传统 ISAR 成像的 R－D 方法应用于 MIMO－ISAR 成像。相关国内外研究包括：ZHU 等通过重排和插值的方法对非均匀的成像数据均匀化，然后用 R－D 算法实现二维成像，验证了 MIMO－ISAR 的可行性；董会旭等提出了一种特殊的阵列结构，根据 PCA 原理，MIMO 等效阵列近似为均匀面阵，并提出空时信号联合处理方法，实现了 MIMO－ISAR 三维成像；MA 等在建立 MIMO 雷达三维成像的信号模型的基础上，分析了对阵列结构、强散射点选择准则以及信号发射策略等，实现了 MIMO 雷达单次快拍成像；柴守刚等在 MA 等的研究基础上，讨论了 MIMO－ISAR 成像时所需的图像校正和目标速度估计，提出利用 MIMO－ISAR 对目标三维成像，并给出了 MIMO－ISAR 成像的数据重排与运动补偿方法；BUCCIARELLI 等则采用 MIMO 技术的侧视多掠 ISAR，增强了雷达成像的方位分辨率；陈刚等研究了空时不等效对成像质量的影响，得到计算成像结果中虚假目标数量及其位置的数学公式，给出了目标与最大假目标的幅度比值；陈刚等还提出了一种极坐标下的成像方法，该方法首先将极坐标格式下的非均匀 MIMO－ISAR 成像数据降维，然后通过插值运算转化为直角坐标系下的均匀数据进行成像；TARCHI 等给出了地基 MIMO－ISAR 对金属点目标的成像方法，并进行了外场的实验验证。

在这一过程中，MIMO 雷达阵列等效、目标运动与阵列方向不一致以及横向采样数据非均匀等，造成 MIMO－ISAR 成像数据结构复杂；若想利用 R－D 算法进行成像，大量的误差补偿不可避免。例如：

（1）采用 R－D 算法成像要求数据均匀，须使用空时等效和阵列内插进行数据重排和填充，成像过程复杂，运算量大；

(2)复杂的数据结构给现有运动补偿算法带来困难,特别是目标运动与阵列方向存在夹角时垂直运动分量引起的运动误差补偿;

(3)利用 PCA 原理得出 MIMO 雷达阵列的等效虚拟阵元位置,等效误差补偿不可忽略;

(4)目标速度估计不准确引入的空时等效误差会使成像结果出现虚假像,降低成像质量。

这就造成了成像过程烦琐,不利于成像处理,相关内容在前述章节已经进行了详细讨论,此处不再赘述。

针对 R - D 成像算法存在的问题,本书从时域成像的角度研究了 MIMO - ISAR 成像方法。首先,基于 MIMO - ISAR 在三维空间中目标运动的精确模型,建立了基于线阵的 MIMO - ISAR 空时信号模型,通过推导,提出一种相同距离单元数据横向聚焦的成像方法,该方法不受阵列形式的限制,无须数据重排和阵列内插运算,另外,算法没有使用 PCA 原理近似等效阵元位置,无须相位等效误差补偿。然后,针对同距离单元聚焦算法运算量大的缺点,通过对相位补偿因子近似,使算法可以使用 FFT 进行计算。

5.2 信号模型

采用第 2 章建立的 MIMO - ISAR 成像目标运动精确模型,其几何模型如图 5.1 所示。

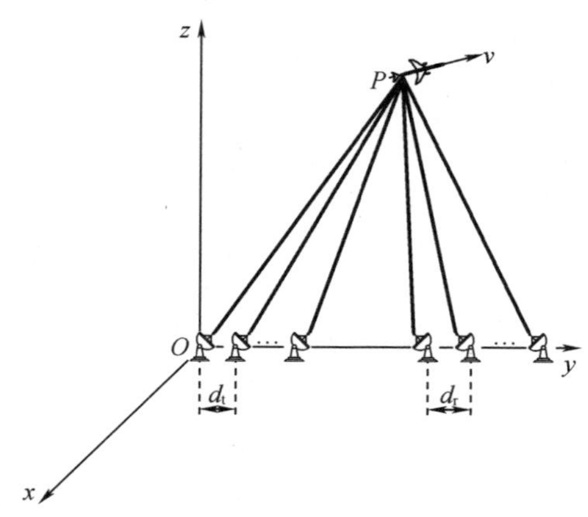

图 5.1 MIMO - ISAR 成像几何模型

图 5.1 中,发射、接收阵元分布在 y 轴上,阵列结构参数为:发射阵元数为 M,接收阵元数为 N,间距分别为 d_t、d_r,且满足 $d_t = Nd_r$;发射阵列与接收阵列间隔为 d_{tr}。三维空间目标运动速度矢量 $\boldsymbol{v}=(v_x,v_y,v_z)$,$Q$ 为目标上任意一散射点,初始坐标为(x_q,y_q,z_q),目标的参考中心为(x_0,y_0,z_0)。那么由 MIMO－ISAR 成像目标精确运动模型可得 t_p 时刻 Q 点到第 m 个发射阵元与第 n 个接收阵元的距离矢量分别为

$$\begin{cases}\boldsymbol{R}_m(t_p)=\boldsymbol{R}_{m0}(0)+\boldsymbol{v}t_p-(m-1)d_t\boldsymbol{e}_y\\ \boldsymbol{R}_n(t_p)=\boldsymbol{R}_{n0}(0)+\boldsymbol{v}t_p-(n-1)d_r\boldsymbol{e}_y\end{cases}\tag{5.1}$$

式中　t_p——慢时间,$p=1,2,\cdots,P$;

$\boldsymbol{R}_m(t_p)$——Q 点至发射阵元的距离矢量;

$\boldsymbol{R}_n(t_p)$——Q 点至接收阵元距离矢量;

$\boldsymbol{R}_{m0}(0)$、$\boldsymbol{R}_{n0}(0)$——零时刻 Q 点到发射、接收参考阵元的距离矢量。

那么,由式(5.1)可得,Q 点与发射、接收阵元的斜距为

$$\begin{cases}R(m,t_p)=\sqrt{(x_q+g(t_p))^2+(y_q+L(t_p)-d(m))^2+(z_q+h(t_p))^2}\\ R(n,t_p)=\sqrt{(x_q+g(t_p))^2+(y_q+L(t_p)-d(n))^2+(z_q+h(t_p))^2}\end{cases}\tag{5.2}$$

式中　$R(m,t_p)$——t_p 时刻 Q 点与第 m 个发射阵元的斜距;

$R(n,t_p)$——t_p 时刻 Q 点与第 n 个接收阵元的斜距;

$d(m)$、$d(n)$($m=1,2,3,\cdots,M;n=1,2,3,\cdots,N$)——发射、接收阵元的坐标;

$g(t_p)$、$L(t_p)$、$h(t_p)$——目标在 x、y、z 坐标轴方向上关于慢时间 t_p 的运动。

MIMO－ISAR 雷达发射 M 个相互正交的同频宽带信号,一般选用相位编码信号,设第 m 个发射阵元的相位编码信号为

$$s_m(\hat{t})=\exp(\mathrm{j}\varphi_m(\hat{t}))\cdot\exp(\mathrm{j}2\pi f_c\hat{t}),\quad m=1,2,3,\cdots,M\tag{5.3}$$

式中　$\hat{t}$——快时间,全时间 $t=\hat{t}+t_p$,慢时间 $t_p=p\cdot T,p=1,2,3,\cdots,P$;

T——脉冲重复周期。

这组相位编码信号满足:

$$\int s_i(\hat{t})\cdot s_j^*(\hat{t})\mathrm{d}\hat{t}=\begin{cases}C, & i\neq j\\ 0, & i=j\end{cases},\quad (i,j=1,2,3,\cdots,M)\tag{5.4}$$

即表示相位编码信号在时域相互正交,C 为非零的常数。

假设目标上有 Q 个散射点,散射系数为 $\xi_q,q=1,2,3,\cdots,Q$。那么,去载频的目标回波信号为

$$y_n(\hat{t},t_{\rm p}) = \sum_{m=1}^{M}\sum_{q=1}^{Q}\xi_q\cdot\exp[{\rm j}\varphi_m(\hat{t}-\tau_{mpn}(t_{\rm p}))]\cdot\exp(-{\rm j}2\pi f_c\tau_{mpn}(t_{\rm p})) \tag{5.5}$$

式中　$\tau_{mpn}(t_{\rm p})=\dfrac{[R_q(m,t_{\rm p})+v_{mr}\hat{t}+R_q(n,t_{\rm p})+v_{nr}\hat{t}]}{c}$，$c$ 为光速。

通常，目标的运动速度远小于电磁波在空气中的传播速度，且径向速度更小；另外，雷达信号的脉冲持续时间也很短，因此，在雷达一次探测期间，近似认为目标静止，忽略多普勒对回波的影响，即此时的目标运动采用 stop－go 模型；那么，$\tau_{mpn}(t_{\rm p})\approx\dfrac{(R_q(m,t_{\rm p})+R_q(n,t_{\rm p}))}{c}$。

回波信号经过匹配滤波器组之后，单次快拍回波分选为 MN 路信号：

$$y_{mn}(\hat{t},t_{\rm p}) \approx \sum_{q=1}^{Q}\xi_q\cdot s_m(\hat{t}-\tau_{mpn}(t_{\rm p}))\cdot\exp(-{\rm j}2\pi f_c\tau_{mpn}(t_{\rm p})) \tag{5.6}$$

式中　$s_m(\hat{t})$——$\exp({\rm j}\varphi_m(\hat{t}))$的匹配滤波结果，即一维距离像。

因此，全时间上接收阵元可以获得 $MN\times P$ 个距离像数据，数据结构如图 5.2 所示，成像数据分布在空时二维。由于目标非合作，因而空－时数据相互之间采样间隔并不确定，造成数据结构非常复杂。若仍然按照传统 ISAR 成像方法，必须对数据重排和均匀化填充；另外，还需要新的平动补偿方法。

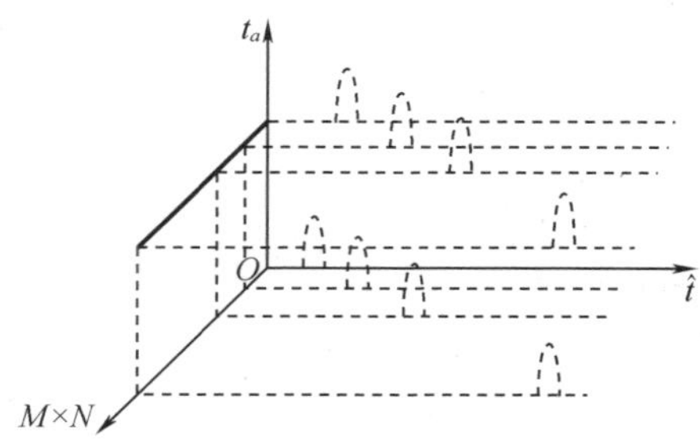

图 5.2　MIMO－ISAR 一维像数据示意图

由于这 $MN\times P$ 个距离像数据都具有图钉状的波形，主瓣高度与宽度都完全相同，只是在旁瓣上有细微的差别，因而可做近似 $s_m(\hat{t})\approx\hat{s}(\hat{t})$，$\forall m$。那么，式(5.6)可改写为

$$y_{mn}(\hat{t},t_{\rm a}) = \sum_{p=1}^{P}\xi_{\rm p}\cdot s(\hat{t}-\tau_{mpn}(t_{\rm a}))\cdot\exp(-{\rm j}2\pi f_c\tau_{mpn}(t_{\rm a})) \tag{5.7}$$

式(5.7)即为目标精确运动模型下的目标回波信号模型。从式(5.7)可

知，目标散射点与阵元之间的距离对回波信号的影响主要表现在两个方面：一是回波信号包络在时域的时延；二是该时延引入的相位。若能将每个散射点对应的回波进行相干叠加，就能够得到散射点位置对应的谱峰，实现目标成像，这就是时域成像的基本原理。下面对 MIMO－ISAR 时域成像进行详细阐述。

5.3　基于距离单元聚焦的 MIMO－ISAR 成像算法

5.3.1　算法基本原理

由于 MIMO－ISAR 成像中积累时间很短，目标的运动可以用一阶运动近似，那么由式(5.2)可得第 Q 个散射点在慢时间上相对于收发阵元的斜距：

$$\begin{cases} R_q(m,t_{\mathrm{p}}) = \sqrt{(x_{\mathrm{p}}+v_x t_{\mathrm{p}})^2+(y_{\mathrm{p}}+v_y t_{\mathrm{p}}-d(m))^2+(z_{\mathrm{p}}+v_z t_{\mathrm{p}})^2} \\ R_q(n,t_{\mathrm{p}}) = \sqrt{(x_{\mathrm{p}}+v_x t_{\mathrm{p}})^2+(y_{\mathrm{p}}+v_y t_{\mathrm{p}}-d(n))^2+(z_{\mathrm{p}}+v_z t_{\mathrm{p}})^2} \end{cases} \tag{5.8}$$

由菲涅尔近似可得：

$$\begin{cases} R_q(m,t_{\mathrm{p}}) \approx R_q + \dfrac{(v_y t_{\mathrm{p}}-d(m))^2}{2R_q} + \dfrac{y_{\mathrm{p}}(v_y t_{\mathrm{p}}-d(m))}{R_q} + \dfrac{x_{\mathrm{p}} v_x t_{\mathrm{p}}}{R_q} + \\ \qquad \dfrac{z_{\mathrm{p}} v_z t_{\mathrm{p}}}{R_q} + \dfrac{(v_x t_{\mathrm{p}})^2}{2R_q} + \dfrac{(v_z t_{\mathrm{p}})^2}{2R_q} \\ R_q(n,t_{\mathrm{p}}) \approx R_q + \dfrac{(v_y t_{\mathrm{p}}-d(n))^2}{2R_q} + \dfrac{y_{\mathrm{p}}(v_y t_{\mathrm{p}}-d(n))}{R_q} + \dfrac{x_{\mathrm{p}} v_x t_{\mathrm{p}}}{R_q} + \\ \qquad \dfrac{z_{\mathrm{p}} v_z t_{\mathrm{p}}}{R_q} + \dfrac{(v_x t_{\mathrm{p}})^2}{2R_q} + \dfrac{(v_z t_{\mathrm{p}})^2}{2R_q} \end{cases} \tag{5.9}$$

式中　$R_q=\sqrt{x_q^2+y_q^2+z_q^2}$，$R_q$ 是初始时刻目标上第 q 个散射点相对于坐标原点的斜距。

从式(5.9)可以看出，散射点斜距的变化不仅与阵元位置、目标速度在各坐标轴的分量与慢时间的乘积有关，还与散射点的坐标有关。目标参考中心点的坐标为(x_0,y_0,z_0)，参考中心到坐标原点的斜距 $R_0=\sqrt{x_0^2+y_0^2+z_0^2}$，在目标尺寸远远小于目标到收发阵列距离的情况下，$R_q$ 可以用 R_0 代替，式(5.9)可以改写为

$$\begin{cases} R_q(m,t_p) \approx R_q + \dfrac{(v_y t_p - d(m))^2}{2R_0} + \dfrac{y_0(v_y t_p - d(m))}{R_0} + \dfrac{x_0 v_x t_p}{R_0} + \\ \qquad \dfrac{z_0 v_z t_p}{R_0} + \dfrac{(v_x t_p)^2}{2R_0} + \dfrac{(v_z t_p)^2}{2R_0} \\ R_q(n,t_p) \approx R_q + \dfrac{(v_y t_p - d(n))^2}{2R_0} + \dfrac{y_0(v_y t_p - d(n))}{R_0} + \dfrac{x_0 v_x t_p}{R_0} + \\ \qquad \dfrac{z_0 v_z t_p}{R_0} + \dfrac{(v_x t_p)^2}{2R_0} + \dfrac{(v_z t_p)^2}{2R_0} \end{cases} \tag{5.10}$$

假设目标位置、速度估计已完成，则由式(5.10)可以构建距离补偿因子 $\psi(d(m),d(n),t_a)$，将所有散射点距离至 R_q，则有：

$$\psi(d(m),d(n),t_p) = \exp\left(\mathrm{j}2\pi f\frac{\Delta R(d(m),t_p) + \Delta R(d(n),t_p)}{c}\right) \tag{5.11}$$

其中：

$$\begin{cases} \Delta R(d(m),t_p) = \dfrac{(v_y t_p - d(m))^2}{2R_0} + \dfrac{y_0(v_y t_p - d(m))}{R_0} + \dfrac{x_0 v_x t_p}{R_0} + \\ \qquad \dfrac{z_0 v_z t_p}{R_0} + \dfrac{(v_x t_p)^2}{2R_0} + \dfrac{(v_z t_p)^2}{2R_0} \\ \Delta R(d(n),t_p) = \dfrac{(v_y t_p - d(n))^2}{2R_0} + \dfrac{y_0(v_y t_p - d(n))}{R_0} + \dfrac{x_0 v_x t_p}{R_0} + \\ \qquad \dfrac{z_0 v_z t_p}{R_0} + \dfrac{(v_x t_p)^2}{2R_0} + \dfrac{(v_z t_p)^2}{2R_0} \end{cases} \tag{5.12}$$

由于 MIMO－ISAR 为多发多收体制，式(5.12)中 (x_0,y_0,z_0)，$\boldsymbol{v}=(v_x,v_y,v_z)$ 可以通过收发天线阵列对目标进行定位，并根据天线阵列及目标的空间几何关系估算出目标飞行速度及方向，如最小熵法、距离像重心法等，此处不再赘述。那么，经过距离补偿之后的回波信号为

$$y'_{mn}(\hat{t},t_p) = \sum_{q=1}^{Q}\xi_q \cdot s\left(\hat{t} - \frac{2R_q}{c}\right) \cdot \exp\left(-\mathrm{j}2\pi f_c\frac{R_q(m,t_p) + R_q(n,t_p)}{c}\right) \tag{5.13}$$

式(5.13)中各散射点的时延校正为 $\dfrac{2R_q}{c}$，与空间阵元位置以及时间合成阵元位置都无关，那么只需要对目标成像区域进行横向(y 向)划分，然后按距离单元进行聚焦处理，对每个距离单元的散射点实现横向分辨。

由上述对目标运动分析可知，目标除了横向运动还有 x 向和 z 向运动，因此在进行横向分辨之前，必须要对其影响进行补偿。由式(5.8)近似有：

$$\begin{cases} R_q(m,t_p) \approx \sqrt{x_p^2 + (y_p + v_y t_p - d(m))^2 + z_p^2} + \dfrac{x_p v_x t_p}{R_q} + \\ \qquad \dfrac{z_p v_z t_p}{R_q} + \dfrac{(v_x t_p)^2}{2R_q} + \dfrac{(v_z t_p)^2}{2R_q} \\ R_q(n,t_p) \approx \sqrt{x_q^2 + (y_q + v_y t_p - d(n))^2 + z_q^2} + \dfrac{x_q v_x t_p}{R_q} + \\ \qquad \dfrac{z_q v_z t_p}{R_q} + \dfrac{(v_x t_p)^2}{2R_q} + \dfrac{(v_z t_p)^2}{2R_q} \end{cases} \tag{5.14}$$

由于每个空间阵元 y 向都相同且运动时间很短,运动分量远小于散射点到收发阵列斜距,因此式(5.14)二次项可忽略,x_q、z_q、R_q 可以用 x_0、z_0、R_0 代替。一阶假设下,目标速度在 y 坐标轴的分量为常数,虽不会引起成像结果散焦,但会造成二维像偏出成像场景区域。那么,可构建相位补偿因子为

$$\varphi(t_p) = \exp\left(\mathrm{j}2\pi f_c \frac{\left(\dfrac{x_0 v_x t_p}{R_0} + \dfrac{z_0 v_z t_p}{R_0}\right)}{c} \right) \tag{5.15}$$

假设距离像的采样数为 K,方位向采样数为 L,则距离像的采样点可表示为 $r_k(k=1,2,3,\cdots,K)$,方位向的采样点可表示为 $y_l(l=1,2,3,\cdots,L)$。计算像素点(r_k,y_l)相对于收发阵元的时延为

$$\tau_{mn}^{(k,l)}(t_p) = \frac{\sqrt{r_k^2 + y_m^2(t_p) - 2y_m(t_p)y_l} + \sqrt{r_k^2 + y_n^2(t_p) - 2y_n(t_p)y_l}}{c} \tag{5.16}$$

那么,目标最终的聚焦成像的结果为

$$I(k,l) = \sum_{m=1}^{M}\sum_{n=1}^{N}\sum_{p=1}^{P} y'_{mn}(\hat{t},t_p) \cdot \varphi(t_p) \cdot \exp(\mathrm{j}2\pi f_c \tau_{mn}^{(k,l)}) \tag{5.17}$$

综上所述,MIMO – ISAR 的成像过程如图 5.3 所示。

5.3.2　速度估计对成像的影响

由上述成像过程可知,MIMO – ISAR 采用时域成像算法时,相位补偿函数的构建是其中的关键环节。由于构建的相位补偿函数不仅与雷达阵元位置有关,还与目标速度有关,因而目标速度的估计精度将会对最终的成像结果产生较大影响。本节将对目标速度估计误差对 MIMO – ISAR 时域成像的影响进行分析。

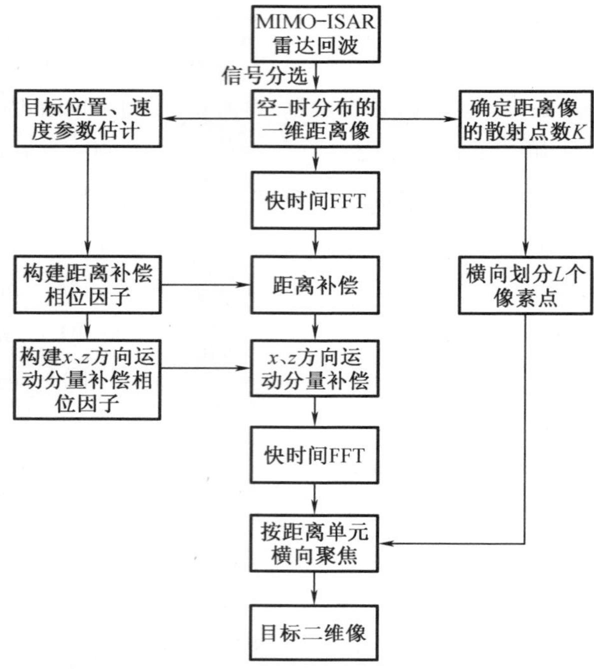

图 5.3　MIMO - ISAR 成像过程

首先,构建含有误差的相位补偿函数,分析速度估计误差对 MIMO - ISAR 时域成像方法的影响,得出满足成像要求的速度估计误差约束条件。由信号相干的条件可知,若使得构建的相位因子与回波信号相匹配,就必须满足距离误差小于$\frac{\lambda}{4}$,假设速度水平分量估计误差为 Δv_y,那么由式(5.16)可得相位因子匹配条件为

$$\begin{aligned}&\sqrt{r_k^2+((v_y+\Delta v_y)t_p-d(m))^2-2((v_y+\Delta v_y)t_p-d(m))y_l}+\\&\sqrt{r_k^2+((v_y+\Delta v_y)t_p-d(n))^2-2((v_y+\Delta v_y)t_p-d(n))y_l}-\\&\sqrt{r_k^2+(v_yt_p-d(m))^2-2(v_yt_p-d(m))y_l}-\\&\sqrt{r_k^2+(v_yt_p-d(n))^2-2(v_yt_p-d(n))y_l}<\frac{\lambda}{4}\end{aligned}\tag{5.18}$$

对式(5.18)化简,可得:

$$\Delta v_y<\frac{\lambda r_k}{8y_lt_p}\tag{5.19}$$

即在速度估计误差满足式(5.19)时,对成像的影响可以忽略不计。考察式

(5.19)，其所表述的情形为目标速度矢量与阵列平行的速度估计误差约束条件。式(5.19)中，r_k 的值远大于 y_l 的值，因此，在目标速度矢量与阵列平行时，速度的估计误差对成像的影响可以忽略。

然而，由上一小节成像算法的推导过程可知，在构建相位补偿函数之前，需要对垂直于阵列方向的运动分量予以补偿，该部分相位补偿函数的构建同样与目标的速度有关。那么，该相位补偿函数必须与回波信号相匹配，才能够满足成像要求。重复式(5.18)、式(5.19)推导可得：

$$\begin{cases} \Delta v_x < \dfrac{\lambda R_0}{8x_0 t_\mathrm{p}} - v_x \\ \Delta v_z < \dfrac{\lambda R_0}{8z_0 t_\mathrm{p}} - v_z \end{cases} \tag{5.20}$$

由式(5.20)可知，$\dfrac{\lambda R_0}{8x_0 t_\mathrm{p}}$与 v_x 的值相差非常小，因而要求估计误差 Δv_x 必须非常小(满足式(5.20)约束条件)，才能使得相位补偿函数与目标回波信号相匹配。从总体上讲，MIMO－ISAR 时域成像对目标速度的估计精度要求很高。

其次，推导距离像重心法与多站定位相结合估计目标速度的克拉－美罗界，分析目标速度估计方法的精度。基于互相关与距离像重心的一种参数估计方法，该估计方法的克拉－美罗界与互相关法时延估计一致，可表示为

$$\mathrm{Var}(\tau) \geqslant \frac{1.18}{\pi B \sqrt{\dfrac{2E}{N}}} \tag{5.21}$$

式中　B——信号带宽；

$\dfrac{E}{N}$——信噪比。

由式(5.21)可知，位置参数与速度参数估计精度与信号带宽 B、信噪比$\dfrac{E}{N}$有关。对 MIMO－ISAR 成像来讲，其发射信号为宽带信号，具有较高的距离分辨力。因此，依据式(5.21)可知，该算法的距离估计误差可以控制在很小的范围内。例如，对于带宽为 500 MHz，信噪比为 3 dB 的回波信号来说，通过式(5.21)计算可得，其距离估计精度为 0.056 m。速度参数估计是由相邻两次位置参数除以脉冲重复周期 T_a 所得。除此之外，为了提高估计精度，该方法还采用了多次测量求平均的方法，可大大增大估计精度。由上述分析可知，朱宇涛提出的目标速度估计方法是满足成像要求的。

5.3.3 仿真实验

对于本节提出的成像方法,采用仿真数据进行验证。参数设置:仿真采用 3 发 4 收 MIMO 阵列,发射阵元坐标为(-300,0,0)(-180,0,0)(-60,0,0),接收阵元坐标(60,0,0)(90,0,0)(120,0,0)(150,0,0)。目标由 9 个散射点组成,位置如图 5.4 所示。从目标中心到阵列中心的斜距 R_0 设为 10 000 m,目标做匀速直线运动,速度为 300 m/s,速度与 x、y、z 轴的夹角分别为 70°、20°、0°。

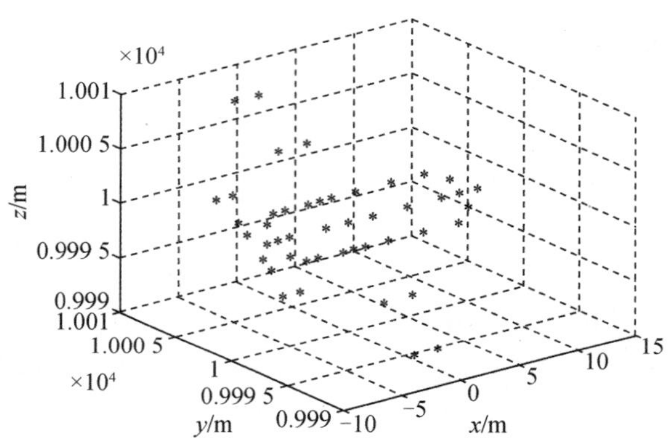

图 5.4 目标散射点位置图

仿真数据产生的雷达参数设置见表 5.1。

表 5.1 雷达参数

载频	10 GHz
信号形式	相位编码
信号带宽	500 MHz
采样率	1 GHz
脉冲宽度	80 ns
子脉冲宽度	2 ns
脉冲重复频率	400 Hz
脉冲积累时间	0.1 s

仿真 1:成像算法性能仿真

图 5.5 为信噪比为 3 dB 时的仿真结果。

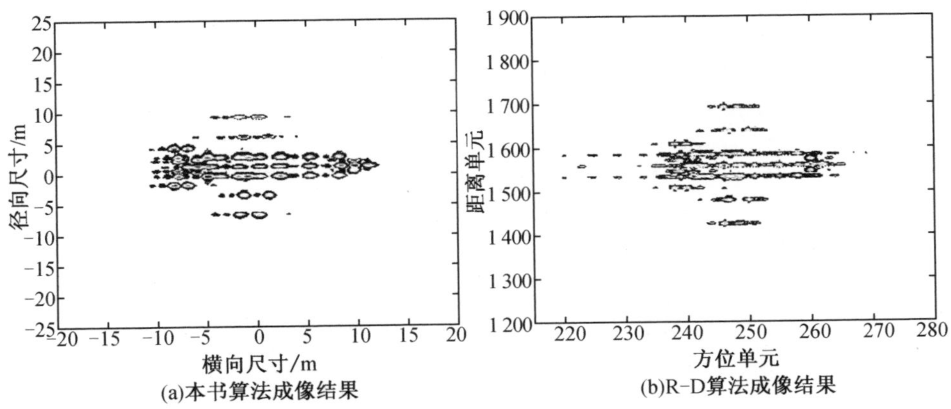

图 5.5　SNR＝3 dB 时的仿真结果

图 5.5(a)为本书方法的最终成像结果，在 x、z 方向运动相位补偿之后，通过横向聚焦在场景中心位置得到目标的二维像，验证了成像方法的有效性。图 5.5(b)为 MIMO－ISAR 通过数据均匀化处理之后 R－D 算法成像结果，图 5.5(a)(b)的图像熵分别为 8.361 8，9.356 3，可见本书方法的成像质量比传统方法的成像质量更好。

仿真 2：速度估计误差对成像的影响

图 5.6 给出了目标速度估计误差在 0～0.15 m/s 变化时，本书方法的成像结果。对于仿真设定的速度，在此给出不同速度估计误差情况下本书方法所得的二维像。

由图 5.6 可以看出，随着估计误差的增大，目标二维像在横向出现栅瓣，并逐渐散焦，影响成像质量。由此可见，目标速度估计误差对成像影响较大，若使用时域成像算法对 MIMO－ISAR 成像，需要对目标速度实现高精度估计。

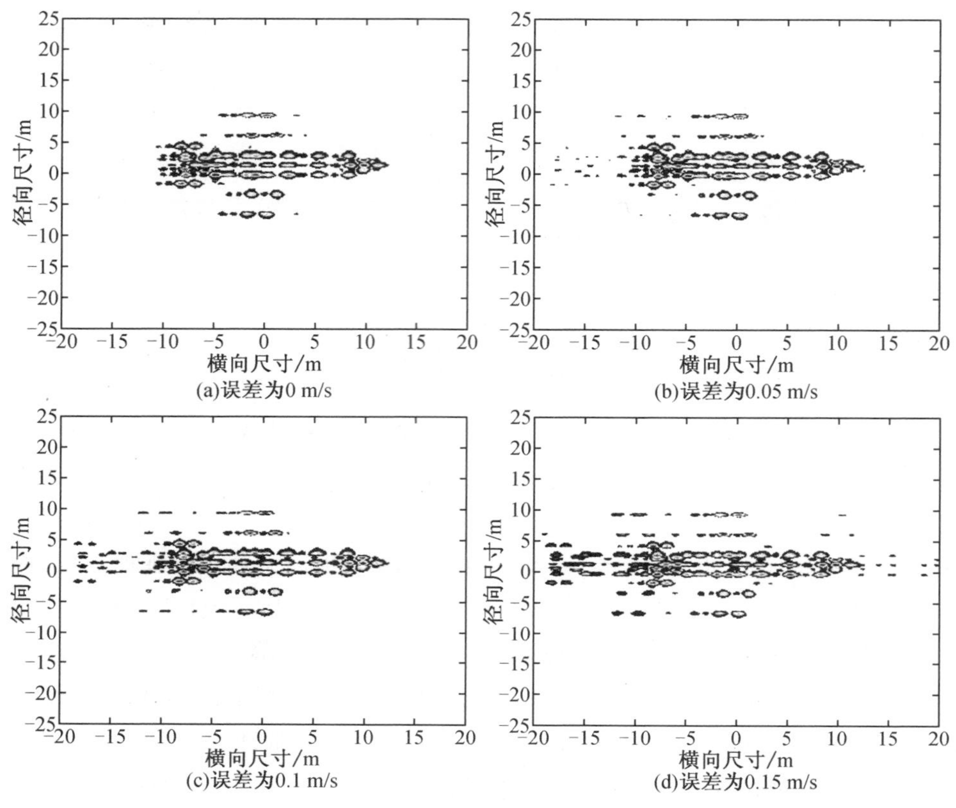

图 5.6　不同速度估计误差情况下的成像结果

5.4　时域成像算法的快速计算

由图 5.3 算法的成像过程可见,该时域算法处理过程简单,运动补偿容易,鲁棒性强,但是算法逐点精确聚焦的处理过程会使得运算量十分大,不利于工程实践。基于此,可以一维距离像作为先验信息,通过信号检测,只对能检测到目标的距离单元进行横向聚焦,这样就可以避免对无目标区域的聚焦处理,减少运算量。快速聚焦算法过程如图 5.7 所示,其基本思想为:首先,对一维距离像进行距离校正,将距离相同的散射点对齐至同一距离单元;其次,对目标一维距离像的每个距离分辨单元进行检测,选取有散射回波数据的距离分辨单元,舍弃不存在回波数据的距离分辨单元;然后,在选取的距离分辨单元中,选取距离分辨单元中幅度最大值所对应的一行采样数据进行横向聚焦,得出当前距离分辨单元内所有散射点的粗略位置;最后,对粗略点周围的某一区域横向划分,然后进行逐点精确聚焦,得出当前散射点横向像。该方法有效避免了无效像素区域的聚焦,只在散射点附近进行聚焦,大大减小了运算量。

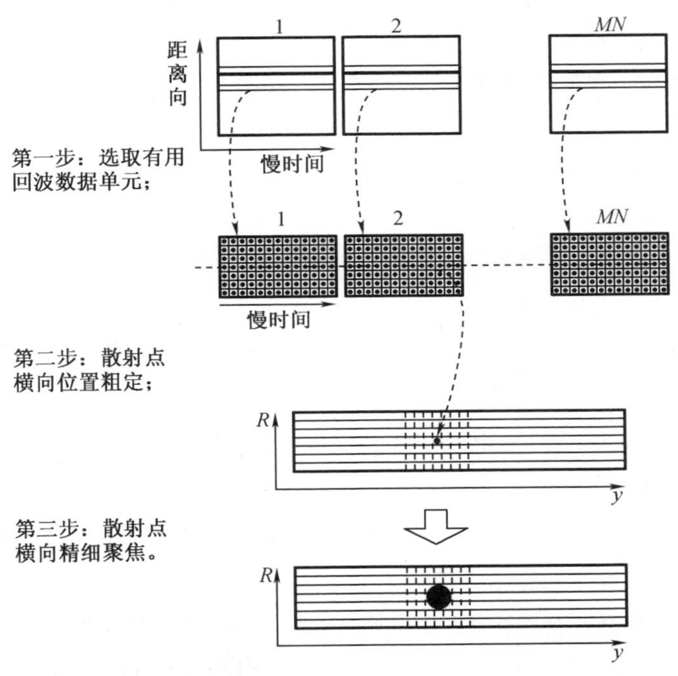

图 5.7　快速聚焦算法过程

上述利用目标的距离单元信息进行聚焦处理,避免了成像场景区域中无目标区域像素点的聚焦计算,可以在一定程度上减小 MIMO - ISAR 时域成像算法的运算量。但是,从计算效率的角度来看,并没有提高算法的计算效率。因而,当目标含有较多的散射点时,运算量依然很大。

针对 MIMO - ISAR 时域成像算法的运算效率低的问题,本小节通过远场区条件假设以及孔径分解,将非线性的相位补偿因子转化成线性的相位补偿因子,使之能够使用 FFT 进行计算,提高了 MIMO - ISAR 时域成像算法的运算效率。

对式(5.16)中 $\tau_{mqn}(t_{\mathrm{p}})$ 进行泰勒级数展开,并忽略二次项有:

$$\tau_{mqn}(t_p) \approx \frac{R_{mq} + \dfrac{u_m - x_q}{R_{mq}} v_x t_p + R_{nq} + \dfrac{v_n - x_q}{R_{nq}} v_x t_p}{c} \tag{5.22}$$

式中 $R_{mq} = \sqrt{(x_q - u_m)^2 + y_q^2}$；

$R_{nq} = \sqrt{(x_q - v_n)^2 + y_q^2}$。

由于目标处于远场区，阵列尺寸远小于阵列与目标之间的距离，则 $\dfrac{(u_m - x_q)}{R_{mq}} \approx \dfrac{(u_m - x_q)}{R_{m0}}, \dfrac{(v_n - x_q)}{R_{nq}} \approx \dfrac{(v_n - x_q)}{R_{n0}}, \dfrac{y_q}{R_{mq}} \approx \dfrac{y_q}{R_{m0}}, \dfrac{y_q}{R_{nq}} \approx \dfrac{y_q}{R_{n0}}$，式(5.22)可近似为

$$\begin{aligned}\tau_{mqn}(t_p) &\approx \frac{R_{mq} + \dfrac{u_m - x_q}{R_{m0}} v_x t_p + R_{nq} + \dfrac{v_n - x_q}{R_{n0}} v_x t_p}{c} \\ &= \frac{R_{mq} + R_{nq} + \left(\dfrac{u_m}{R_{m0}} + \dfrac{v_n}{R_{n0}}\right) v_x t_p - \dfrac{x_q}{R_{m0}} v_x t_p - \dfrac{x_q}{R_{n0}} v_x t_p}{c}\end{aligned} \tag{5.23}$$

式中 $R_{m0} = \sqrt{(x_0 - u_m)^2 + y_0^2}$；

$R_{n0} = \sqrt{(x_0 - v_n)^2 + y_0^2}$。

因此，可在 5.3.1 节所述场景划分下，对像素点(r_k, x_l)构建相位因子：

$$\begin{cases} e_{mn}^{(k,l)} = \exp(\mathrm{j}2\pi\tau_{mn}^{(k,l)}) \\ \tau_{mn}^{(k,l)} = \dfrac{R_m^{(k,l)} + \dfrac{u_m - x_l}{R_{m0}} v_x t_p + R_n^{(k,l)} - \dfrac{\nu_n - x_l}{R_{n0}} v_x t_p}{c} \end{cases} \tag{5.24}$$

将式(5.24)带入式(5.17)，可得：

$$\begin{aligned} I(k,l) = &\sum_{m=1}^{M}\sum_{n=1}^{N} \exp\left(\mathrm{j}\frac{2\pi}{\lambda}(R_m^{(k,l)} + R_n^{(k,l)})\right)\sum_{p=1}^{P} y_{mn}(\hat{t}, t_p) \cdot \\ &\exp\left\{\mathrm{j}\frac{4\pi}{\lambda}\left[\frac{u_m}{R_{m0}} + \frac{v_n}{R_{n0}} - \left(\frac{1}{R_{m0}} + \frac{1}{R_{n0}}\right)x_l\right] v t_p\right\} \end{aligned} \tag{5.25}$$

式中 λ——波长。

令 $f_{mnd} = \left[\dfrac{u_m}{R_{m0}} + \dfrac{v_n}{R_{n0}} - \left(\dfrac{1}{R_{m0}} + \dfrac{1}{R_{n0}}\right)x_l\right] v_x$，则式(5.24)可简化为

$$I(k,l) = \sum_{m=1}^{M}\sum_{n=1}^{N} \exp\left[\mathrm{j}\frac{2\pi}{\lambda}(R_{m0}^{(k,l)} + R_{n0}^{(k,l)})\right]\sum_{p=1}^{P} y_{mn}(\hat{t}, t_p) \cdot \exp\left(\mathrm{j}\frac{4\pi}{\lambda} f_{mnd} t_p\right) \tag{5.26}$$

分析式(5.26)，第一个指数项只与 m、n 有关，对于固定的发射接收组合来

说，第二个指数项与 t_p、x_l 有关，第二个求和项实际上就是傅里叶变换，因而可以用 FFT 来对其快速计算。

通过上述推导可以看出，MIMO - ISAR 时域成像算法可以使用 FFT 计算，相较于逐点聚焦处理，可有效提高计算效率。但依然存在两个问题需要进一步分析：一是推导中的近似处理的约束条件；二是运算量分析。下面就这两个问题进行详细阐述。

近似处理的目的是使用近似的相位因子来代替精确的相位补偿因子，在此过程中必须满足相位因子的相干性，即相位误差必须小于$\frac{\pi}{2}$。由式(5.16)、式(5.26)可知，时域算法中的精确相位补偿因子与近似相位因子的相位差为

$$\Delta\varphi = -\frac{2\pi}{\lambda}\Big(\sqrt{(x_q - u_m - v_x t_p)^2 + (y_q - v_y t_p)^2} + \sqrt{(x_q - v_n - v_x t_p)^2 + (y_q - v_y t_p)^2} - R_{mq} + \frac{u_m - x_q}{R_{mq}} v_x t_p + R_{nq} + \frac{v_n - x_q}{R_{nq}} v_x t_p \Big) \tag{5.27}$$

泰勒级数展开并简化式(5.27)有：

$$\Delta\varphi = -\frac{2\pi}{\lambda}\Big[\left(\frac{u_m}{R_{m0}^{(k,l)}} - \frac{u_m}{R_{m0}}\right) v_x t_p + \left(\frac{v_n}{R_{n0}^{(k,l)}} - \frac{v_n}{R_{n0}}\right) v_x t_p - \left(\frac{1}{R_{m0}^{(k,l)}} - \frac{1}{R_{m0}}\right) x_l v_x t_p - \left(\frac{1}{R_{n0}^{(k,l)}} - \frac{1}{R_{n0}}\right) x_l v_x t_p + \sum_{i=2}^{\infty} a_i \cdot \frac{d^{(i)} R_{m0}^{(k,l)}}{dt_p^i} \cdot t_p^i + \sum_{i=2}^{\infty} b_i \cdot \frac{d^{(i)} R_{n0}^{(k,l)}}{dt_p^i} \cdot t_p^i \Big] \tag{5.28}$$

式(5.28)中 i 阶导数为

$$\frac{d^{(i)} R_{m0}^{(k,l)}}{dt_p^i} = \begin{cases} \sum\limits_{j=0}^{\frac{i}{2}} c_{ij} \dfrac{(vt_p)^{2j}}{(R_{m0}^{(k,l)})^{i+2j-1}} & i = 2k, k \geqslant 1, k \in N \\ \sum\limits_{j=0}^{\frac{i}{2+1}} c_{ij} \dfrac{(vt_p)^{2j-1}}{(R_{m0}^{(k,l)})^{i+2j-2}} & i = 2k+1, k \geqslant 1, k \in N \end{cases} \tag{5.29}$$

式中　c_{ij}——系数；

N——自然数集，那么

$$\frac{2\pi}{\lambda} \cdot \left(\sum_{i=2}^{\infty} a_i \cdot \frac{d^{(i)} R_{m0}^{(k,l)}}{dt_p^i} \cdot t_p^i + b_i \cdot \frac{d^{(i)} R_{n0}^{(k,l)}}{dt_p^i} \cdot t_p^i \right) \leqslant \frac{\pi}{2} \tag{5.30}$$

则可以忽略其影响，只需要考虑：

$$-\frac{2\pi}{\lambda}\left[\left(\frac{u_m}{R_{m0}^{(k,l)}}-\frac{u_m}{R_{m0}}\right)+\left(\frac{v_n}{R_{n0}^{(k,l)}}-\frac{v_n}{R_{n0}}\right)-\left(\frac{1}{R_{m0}^{(k,l)}}-\frac{1}{R_{m0}}\right)x_l-\left(\frac{1}{R_{n0}^{(k,l)}}-\frac{1}{R_{n0}}\right)x_l\right]v_xT_{\mathrm{p}}<\frac{\pi}{2} \tag{5.31}$$

式中　T_{p}——积累时间。

假设 $\lambda=0.03$ cm，u_m、v_n 的数量级为 10^2，$R_{m0}^{(k,l)}$、R_{m0}、$R_{n0}^{(k,l)}$、R_{n0} 的数量级为 10^4，v_xT_{p} 数量级为 10^2，则由式(5.31)可估算，x_l 大小在 10^2 量级。由此可知在不考虑速度估计误差时，本书方法可适用于尺寸小于 10^2 的目标成像，且在阵列尺寸一定时，x_l 范围将与 v_xT_{p} 大小成反比。那么由式(5.31)可推导出 x_l 满足条件的为

$$x_l<\frac{\lambda R_{m0}^{(k,l)}R_{m0}}{16v_xT_{\mathrm{p}}(R_{m0}^{(k,l)}-R_{m0})}+u_m+\frac{\lambda R_{n0}^{(k,l)}R_{n0}}{16v_xT_{\mathrm{p}}(R_{n0}^{(k,l)}-R_{n0})}+v_n \tag{5.32}$$

在 x_l 满足式(5.32)条件时，考虑速度估计误差为 Δv_x，重复式(5.27)～(5.32)推导过程，可得 Δv_x 引起的相位误差为

$$\Delta\varphi_v=\frac{2\pi}{\lambda}\cdot\left(\frac{1}{R_{m0}}x_l\Delta v_xt_{\mathrm{p}}+\frac{1}{R_{n0}}x_l\Delta v_xt_{\mathrm{p}}\right) \tag{5.33}$$

此时，$\Delta\varphi_v$ 应至少小于$\frac{\pi}{2}$才能不至于使得相位因子失配，造成成像失败。综上所述，本算法的成败很大程度上取决于速度估计误差的大小。

本书距离校正方法与5.3节的方法一致，所需运算量也相同。为分析方便，在下面的运算量分析中将其忽略，只考虑相干叠加的运算量。5.3节方法复乘加次数为 $M\times N\times K\times L\times P$，考察本书方法步骤，其复乘加次数为 $M\times N\times K\times L\times(1+\log_2P)$，两方法运算量比值为

$$\eta=\frac{1+\log_2P}{P} \tag{5.34}$$

考察式(5.34)，在 $P>1$ 时，$\eta<1$，且随着 P 的增大，η 迅速减小，并趋向于零，运算量比值与采样点的变化关系如图5.8所示。

由图5.8看出，本书算法可有效提高运算效率，且 P 值越大，η 越小，运算效率越高。

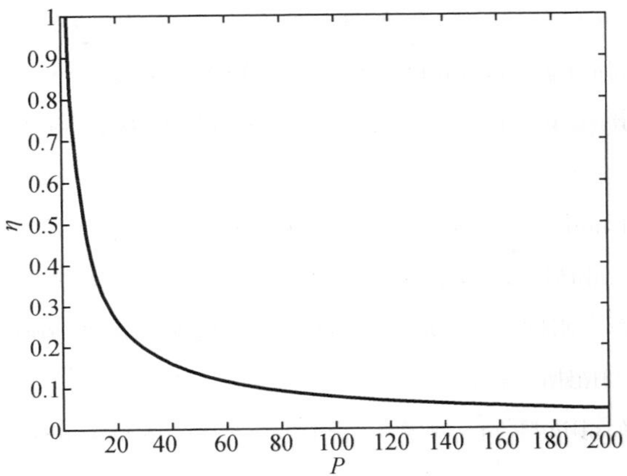

图 5.8　运算量比值与采样点的变化关系

5.4.1　仿真实验

仿真 1:仿真参数设置与 5.3.3 节相同,假设速度的估计误差为 0.1 m/s,对 MIMO - ISAR 成像时域算法的快速计算进行仿真,成像结果如图 5.9 所示。

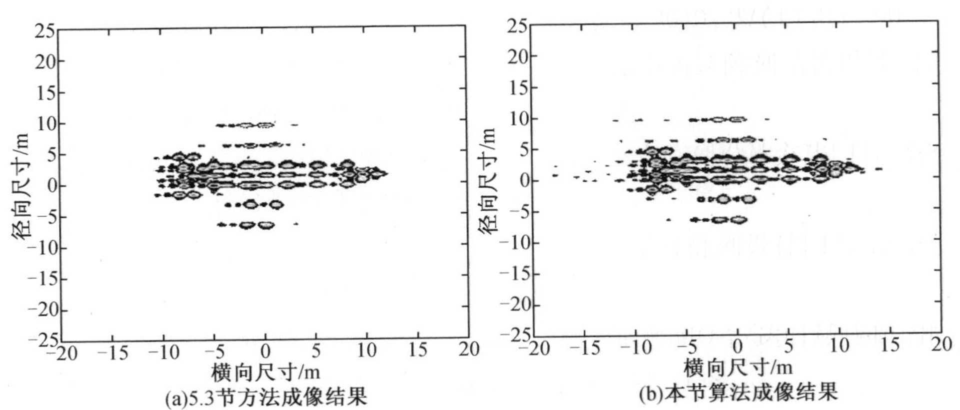

图 5.9　仿真成像结果

仿真可得成像结果如图 5.9 所示,其中图 5.9(a)为 5.3 节中算法的成像结果,图 5.9(b)为本书算法成像结果,两种算法都能够有效对目标进行成像,相比而言,图 5.9(b)的成像结果有强度微弱的假目标出现,这是算法相位因子近似引入的成像误差。

通过仿真,在相同计算机配置条件下, 5.3 成像计算时间为 43.537 9 s,图像熵为 9.007 6；而本书算法的计算时间则为 6.924 2 s，图像熵为 9.123 9。对比本文算法与 5.3 节的仿真结果，本书算法图像熵增大了 0.116 3，而计算时间则约减小为原来的 1/6。由此表明，本书算法可以在保证图像质量的前提下，大大减小运算时间。

由第 5.4.2 节算法分析可知，本书算法须满足式（5.32）的约束条件。另外，由于速度估计存在误差，速度估计误差对成像存在影响。为验证约束条件、分析速度估计误差的影响，仿真 2 利用点扩散函数峰值旁瓣比（peak side－lobe level ratio，PSLR）对此进行仿真分析。

仿真 2：基于上述阵列及雷达参数设置，对单散射点成像进行仿真。速度 $v=150$ m/s，速度的估计误差变化范围为 0～10 m/s，仿真结果分别如图 5.10 和 5.11 所示。

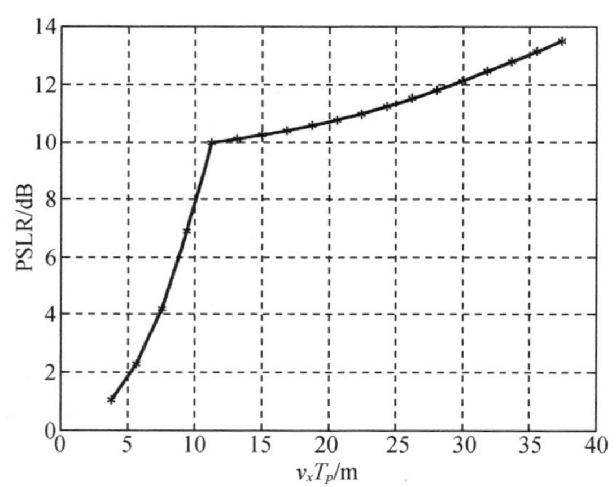

图 5.10　峰值旁瓣比与 v_xT_p 的变化关系

图 5.10 为散射点坐标为（15，10 000），速度为 150 m/s，估计误差为零时，点扩散函数的 PSLR 与 v_xT_p 之间的变化关系。由图 5.10 可以看出，在 $v_xT_\mathrm{p}<12$ 时，PSLR 较小，旁瓣水平较高，这是由于采样缺失造成的横向模糊；在 $v_xT_\mathrm{p}>12$ 时，PSLR 逐步变大，旁瓣水平降低。仿真结果与第 5.4.2 节中对算法约束条件的分析相一致。

由图 5.11 可以看出，随着 Δv_x 绝对值的增大，PSLR 减小，成像质量下降，在 $|\Delta v_x|>8$ 时，PSLR 急剧下降，在 $|\Delta v_x|\leqslant 8$ 时，PSLR 均大于 9.5 dB。仿真结果表明，算法要求速度估计误差保持在一定范围之内，与式（5.32）分析结果相一致。

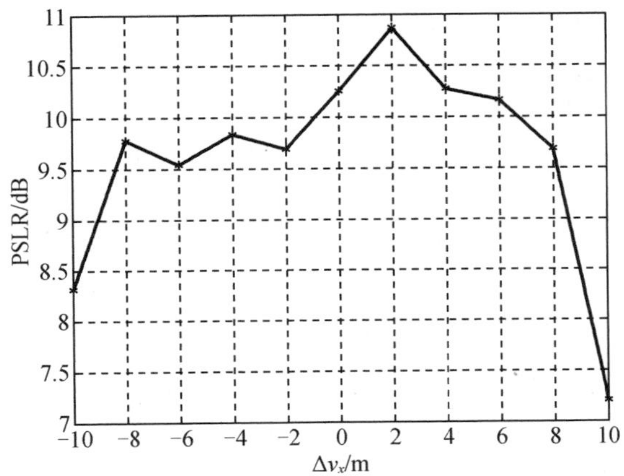

图 5.11 峰值旁瓣比与 Δv_x 的变化关系

5.5 本章小结

本章针对传统 MIMO - ISAR 二维成像中数据非均匀造成的成像过程中的复杂问题，采用时域成像算法对 MIMO - ISAR 进行成像，提出一种基于相同距离单元聚焦处理的 MIMO - ISAR 二维成像算法。该算法通过构建距离补偿因子，将相同散射点对齐至同一距离单元，然后通过相同距离单元数据聚焦的方法得到目标的二维像。理论分析和计算机仿真结果表明所提算法具有以下特点：

(1)相对于传统方法对 MIMO - ISAR 进行成像，该方法可以不受阵列形式的限制，无须数据均匀化处理和插值运算，成像过程简单，且质量高于传统算法；

(2)时域成像具有算法运算复杂度高、成像耗费时间长等缺点，而且对于 MIMO - ISAR 二维成像，目标速度的估计精度会对成像造成较大影响；

针对运算量大以及对速度估计精度要求高等问题，本章提出了基于信号检测的快速计算方法和基于 FFT 的 MIMO - ISAR 时域成像快速算法，理论分析和仿真结果表明，基于信号检测快速算法在原理上并没有减小算法的运算复杂度，因而对于散射点较多的目标，运算量仍然很大；基于 FFT 的快速时域算法则是通过一定的近似处理将时域成像中非线性的相位补偿因子转化成线性的相位因子，使之能够使用 FFT 进行计算，算法能将 MIMO－ISAR 时域成像的运算量减小至原来的$\frac{(1+\log_2 P)}{P}$。

除此之外，基于 FFT 的 MIMO－ISAR 时域成像快速算法由于采用了近似处理，因而成像质量有所下降。同时，理论与仿真分析表明，方法可在保证成像质量下降不大的前提下，对于目标速度的估计精度要求变低。

第6章　基于图像融合的MIMO－ISAR二维成像算法

6.1　引　　言

当前,MIMO－ISAR二维成像方法主要是从传统ISAR成像技术角度出发,通过运动误差补偿、空时等效等操作,将MIMO－ISAR二维成像转化成ISAR成像,利用R－D算法进行成像。其中,Zhu等采用最小图像熵准则,通过逐步搜索对目标运动参数进行估计、数据重排处理以及方位向插值,实现了MIMO－ISAR成像,但该方法每一步搜索都需要进行一次成像处理,运算量巨大;Ma等首先利用阵列单快拍数据进行成像,获得散射点的距离、多普勒信息,然后选择强散射点,根据最小均方误差准则估计目标转速,最后对各单次快拍成像结果进行相位补偿后的相干叠加。Ma等的研究相对来说,不需要对目标运动参数进行搜索,运算量大大减小,但单次快拍成像过度依赖于MIMO阵列配置,在虚拟等效阵列排布稀疏的情况下,方位向成像模糊,造成目标转速估计失败,因而无法构建相位补偿后的相干叠加。但是,基于R－D算法的MIMO－ISAR成像过程复杂,需要对数据进行运动误差补偿以及均匀化处理。朱宇涛针对方位向数据非均匀,提出通过构建空时相位补偿因子进行同距离单元相干叠加的成像方法,该方法无须均匀化处理,且精度较高,但逐点计算会带来较大的运算量。因此,对MIMO－ISAR成像方法进行研究,寻求更为优良的成像方法仍然是MIMO－ISAR成像中的一个重要问题。

基于2.4节MIMO－ISAR成像平面的分析,本章从成像平面的角度研究MIMO－ISAR二维成像,通过对成像平面的分析,推导出远场区成像平面近似平行,散射点在各阵元通道所对应的成像平面上的走动可以忽略,以及阵元通道成像结果之间的解析关系式,提出使用子图像相参融合的方法实现MIMO－ISAR二维成像方法,在该方法成像过程中,改善因子失配校正是其面临的一个关键问题,本书基于目标散射点分布为平面的假设,利用基于尺度变换的方法对改善因子失配进行了校正。

本章内容安排：6.2 节基于成像平面分析，对 MIMO－ISAR 成像的信号进行建模；6.3 节在对 MIMO－ISAR 成像平面进行理论分析的基础上，提出使用图像相参融合的方法对 MIMO－ISAR 进行成像；6.4 节则对 MIMO－ISAR 图相融合成像中改善因子失配校正问题进行了研究，并使用尺度变换的方法对其进行了校正；6.5 节通过计算机仿真对基于图像融合的 MIMO－ISAR 二维成像方法进行了验证；6.6 节为本章小结。

6.2 信号模型

由第 2 章 MIMO－ISAR 二维成像建模及分析相关内容可得，单个距离单元内第 l 阵元的回波为

$$s_l(t_{\mathrm{p}}) = \sum_{q=1}^{Q} \mathrm{rect}\left(\frac{t_{\mathrm{p}}}{T}\right)\exp[\mathrm{j}2\pi f_{\mathrm{d}ql}(t_m + \tau_l)] \tag{6.1}$$

式中 Q——散射点个数；

τ_l——第 l 个阵元在 $t_m=0$ 时所对应的时延，$l=1,2,\cdots,L$。

对式(6.1)的回波数据进行 FFT 变换可得：

$$s_l(f_{\mathrm{d}}) = T\sum_{q=1}^{Q} \mathrm{sinc}[\pi T(f_{\mathrm{d}} - f_{\mathrm{d}ql})]\exp(\mathrm{j}2\pi f_{\mathrm{d}ql}\tau_l) \tag{6.2}$$

式中 T——阵元通道的脉冲积累时间；

$f_{\mathrm{d}ql}$——第 l 个阵元通道的第 q 个散射点所对应的转动多普勒，在MIMO－ISAR 理想成像模型条件下，$f_{\mathrm{d}q1}=f_{\mathrm{d}q2}=\cdots=f_{\mathrm{d}qL}$。

式(6.2)可简化为

$$s_l(f_{\mathrm{d}}) = T\sum_{q=1}^{Q} \mathrm{sinc}[\pi T(f_{\mathrm{d}} - f_{\mathrm{d}q})]\exp(\mathrm{j}2\pi f_{\mathrm{d}q}\tau_l) \tag{6.3}$$

分析式(6.3)，在 MIMO－ISAR 成像理想模型条件下，阵元间隔均匀，那么阵元对应的时间 τ_l 也是均匀变化的，假设其变化间隔为 T_l，那么 $\tau_l=(l-1)T_l$，$l=1,2,\cdots,L$。式(6.3)中的相位因子 $\exp(\mathrm{j}2\pi f_{\mathrm{d}q}\tau_l)$ 在理想 MIMO－ISAR 模型条件下，是一个相位随 l 线性变化的相位因子，能够通过 FFT 运算进行相干叠加处理。那么，在理想 MIMO－ISAR 成像模型条件下，就可以由式(6.3)得出 L 个阵元所对应的图像，这里称之为子图像；由于 MIMO－ISAR 成像的每一个阵元通道的成像积累时间很短，因此所得子图像的横向分辨力很低；然后，构建相位

因子 $\exp(-\mathrm{j}2\pi f_{\mathrm{d}ql}\tau_l)$，就可以实现 L 个子图像相干叠加，从而达到提高分辨力的目的。

由上述分析可知，在理想成像模型条件下，基于子图像融合的 MIMO－ISAR 成像算法是对频域数据的相干融合处理，可避免时域数据非均匀对成像的影响，因此该方法较现有 MIMO－ISAR 成像方法具有成像过程简单、易于实现等优点。

但是，由第 2 章 2.4 节中对于 MIMO－ISAR 成像平面的分析可知，在MIMO－ISAR 成像一般模型条件下，每个阵元通道的成像平面均不相同，无法对各阵元通道的子图像进行相干融合处理，因此基于 MIMO－ISAR 成像平面分析，建立 MIMO－ISAR 成像一般模型的信号模型如下：

首先，由式(2.51)可得，散射点 q 在第 l 阵元通道所对应的成像平面的横向坐标为

$$x_{\mathrm{d}ql} = \boldsymbol{r}_q \cdot \boldsymbol{\kappa}_l = \boldsymbol{r}_q \cdot \left[\frac{\|\boldsymbol{V}\|}{\|\boldsymbol{R}_l(t)\|} (\boldsymbol{n}_l(0) \times \boldsymbol{n}_v \times \boldsymbol{n}_l(0)) \right] \tag{6.4}$$

式中　$\boldsymbol{n}_l(0)$——第 l 个阵元在零时刻的雷达视线方向向量；

$\boldsymbol{n}_v$——目标速度方向向量。

那么，散射点 q 在第 l 阵元通道的横向多普勒为

$$\begin{aligned} f_{\mathrm{d}ql} &= \frac{4\pi}{\lambda}\omega(\boldsymbol{r}_q \cdot \boldsymbol{\kappa}_l) \\ &= \frac{4\pi}{\lambda}\omega\left\{ r_q \cdot \left[\frac{\|\boldsymbol{v}\|}{\|\boldsymbol{R}_l(t)\|} (\boldsymbol{n}_l(0) \times \boldsymbol{n}_v \times \boldsymbol{n}_l(0)) \right] \right\} \\ &\approx \frac{4\pi}{\lambda}\left(\boldsymbol{r}_q \cdot \left\{ \frac{\|\boldsymbol{v}\|}{\|\boldsymbol{R}_1(0)\|} \left[(\boldsymbol{n}_1(0) \times \boldsymbol{n}_v \times \boldsymbol{n}_1(0)) + 2(\boldsymbol{n}_1(0) \times \boldsymbol{n}_v \times \frac{(l-1)d\boldsymbol{e}_y}{\|\boldsymbol{R}_1(0)\|}) \right] \right\} \right) \end{aligned} \tag{6.5}$$

式中　$\boldsymbol{e}_y$——阵列的方向向量。

分析式(6.5)，对每一个阵元通道，其每一个成像平面均不相同，散射点的横向位置会发生改变。同时，不同阵元的相位因子不仅与散射点有关，而且由于成像平面不同，对于每一个阵元的回波数据来说，相位因子均不相同。此时，回波信号模型可写成：

$$s_l(t_{\mathrm{p}}) = \sum_{q=1}^{Q} \mathrm{rec}\ t\left(\frac{t_{\mathrm{p}}}{T}\right) \exp[\mathrm{j}2\pi(f_{\mathrm{d}ql}^{v} t_m + f_{\mathrm{d}q}^{y}\tau_l)] \tag{6.6}$$

式中　$f_{\mathrm{d}ql}^{v}$——法向量为 $\boldsymbol{n}_v \times \boldsymbol{n}_l(0)$ 的成像平面上的多普勒，表示阵元通道内目标运动产生的多普勒；

$f_{\mathrm{d}q}^{y}$——法向量为 $\boldsymbol{e}_y \times \boldsymbol{n}_1(0)$ 的成像平面上的多普勒，表示阵元位置变化

产生的多普勒。

由于这两个多普勒方向不一定相同，不能写成式(6.2)所示的联合形式。因此，直接构建相位因子 $\exp(-\mathrm{j}2\pi f_{\mathrm{d}q}^{y}\tau_l)$ 实现子图像的相干叠加是很困难的。

将式(6.6)变换到频域可得：

$$s_l(f_{\mathrm{d}}) = T\sum_{q=1}^{Q}\mathrm{sinc}[\pi T(f_{\mathrm{d}} - f_{\mathrm{d}ql}^{v})]\exp(\mathrm{j}2\pi f_{\mathrm{d}q}^{y}\tau_l) \tag{6.7}$$

式(6.7)即为 MIMO - ISAR 成像的通用信号频域模型。

由式(6.7)可以看出，由于每一个阵元通道所对应的成像平面不同，因此多普勒 $f_{\mathrm{d}ql}^{v}$ 也不相同，相对于参考阵元的成像结果，其他阵元通道的成像结果散射点在横向上的位置发生改变。同时，由于 $\boldsymbol{n}_v$ 与 $\boldsymbol{e}_y$ 存在夹角，$f_{\mathrm{d}q}^{y}$ 与 $f_{\mathrm{d}ql}^{v}$ 所处的成像平面不同，同样对相干叠加产生影响，因此需要对成像平面和信号模型产生的影响加以详细分析。

6.3 基于图像融合的 MIMO - ISAR 成像方法

当前 MIMO - ISAR 成像算法一般是先将 L 个通道回波数据置于统一的时间坐标系中，通过空时等效后重排，得到横向非均匀的成像数据，然后经过数据均匀化处理，就可以利用传统 ISAR 的 R - D 算法进行成像。由第 2 章、第 3 章的讨论可知，该方法成像过程复杂，不利于成像处理。由 6.2.1 节信号模型的分析可知，基于子图像融合处理的 MIMO - ISAR 成像方法相较于 R - D 算法，具有成像过程简单，易于实现等优势，但该方法仅适用于 MIMO - ISAR 成像理想模型。本章从信号频域模型出发，通过对 MIMO - ISAR 成像平面的分析，将子图像融合的 MIMO - ISAR 成像方法运用于 MIMO - ISAR 成像的一般模型，总结了成像方法的一般过程，仿真验证了方法的有效性。详细讨论如下：

将式(2.51)带入式(6.4)可得：

$$\begin{aligned} x_{\mathrm{d}ql} &= \boldsymbol{r}_q \cdot \boldsymbol{\kappa}_l \\ &= \boldsymbol{r}_q \cdot \left[\frac{\|\boldsymbol{V}\|}{\|\boldsymbol{R}_l(t)\|}(\boldsymbol{n}_l(0)\times\boldsymbol{n}_v\times\boldsymbol{n}_l(0))\right] \\ &\approx \boldsymbol{r}_q \cdot \left\{\frac{\|\boldsymbol{V}\|}{\|\boldsymbol{R}_1(0)\|}\left[\left(\boldsymbol{n}_1(0)\times\boldsymbol{n}_v\times\boldsymbol{n}_1(0) + 2\boldsymbol{n}_1(0)\times\boldsymbol{n}_v\times\frac{(l-1)d\boldsymbol{e}_y}{\|\boldsymbol{R}_1(0)\|}\right)\right]\right\} \end{aligned} \tag{6.8}$$

由式(6.8)可知，MIMO - ISAR 的成像平面与 $\boldsymbol{n}_v$、$\boldsymbol{e}_y$ 之间的夹角关系有关，

$\boldsymbol{n}_v$ 与 $\boldsymbol{e}_y$ 平行时，MIMO - ISAR 所有阵元通道的成像平面共面；而 $\boldsymbol{n}_v$ 与 $\boldsymbol{e}_y$ 不平行时，则每个阵元通道都对应一个成像平面。下面就分这两种情况进行详细分析。

6.3.1　$\boldsymbol{n}_v$ 与 $\boldsymbol{e}_y$ 平行

当 $\boldsymbol{n}_v$ 与 $\boldsymbol{e}_y$ 平行时，$\boldsymbol{n}_v \times \boldsymbol{e}_y = 0$，此时式(6.8)可简化为

$$x_{ql} \approx \boldsymbol{r}_q \cdot \left[\frac{\|\boldsymbol{v}\|}{\|\boldsymbol{R}_1(0)\|} (\boldsymbol{n}_1(0) \times \boldsymbol{n}_v \times \boldsymbol{n}_1(0)) \right] \tag{6.9}$$

MIMO - ISAR 的所有通道阵元的成像平面是共面的，都位于法向量为 $\boldsymbol{n}_1(0) \times \boldsymbol{e}_y$ 的平面，$f^y_{\mathrm{d}ql}$ 与 $f^v_{\mathrm{d}ql}$ 也位于同一个成像平面，具有相同的变化性质，在目标小转角时有 $f^y_{\mathrm{d}ql} = f^v_{\mathrm{d}ql}$。此时，可将 MIMO - ISAR 成像转化成传统 ISAR 成像进行讨论。在目标的转角较小条件下，有：

$$f_{\mathrm{d}q1} = f_{\mathrm{d}q2} = f_{\mathrm{d}q3} = \cdots = f_{\mathrm{d}qL-1} = f_{\mathrm{d}qL} = f_{\mathrm{d}q} \tag{6.10}$$

那么，式(6.2)可以表示成：

$$s_l(f_{\mathrm{d}}) = T \sum_{q=1}^{Q} \mathrm{sinc}[\pi T(f_{\mathrm{d}} - f_{\mathrm{d}q})] \exp(\mathrm{j}2\pi f_{\mathrm{d}q} \tau_l) \tag{6.11}$$

对每一个子图像乘以一个相位因子 $\exp(-\mathrm{j}2\pi f_{\mathrm{d}} \tau_l)$，就可以实现子图像的相干叠加，即

$$S(f_{\mathrm{d}}) = T \sum_{q=1}^{Q} \mathrm{sinc}[\pi T(f_{\mathrm{d}} - f_{\mathrm{d}q})] \sum_{l}^{L} \exp[\mathrm{j}2\pi(f_{\mathrm{d}} - f_{\mathrm{d}q})\tau_l] \tag{6.12}$$

在 MIMO 阵列的虚拟等效阵列为均匀阵列时，式(6.12)的第二个求和项就为一个等比数列的求和过程，那么

$$S(f_{\mathrm{d}}) = AT \sum_{q=1}^{Q} \mathrm{sinc}[\pi T(f_{\mathrm{d}} - f_{\mathrm{d}q})] Sa[\pi T_l(f_{\mathrm{d}} - f_{\mathrm{d}q}), L] \tag{6.13}$$

式中　A——常数相位项；

T_l——阵元通道之间的等效时间间隔。

$$Sa[\pi T(f_{\mathrm{d}} - f_{\mathrm{d}q}), L] = \frac{\mathrm{sinc}[\pi L T_l(f_{\mathrm{d}} - f_{\mathrm{d}q})]}{\mathrm{sinc}[\pi T_l(f_{\mathrm{d}} - f_{\mathrm{d}q})]} \tag{6.14}$$

由式(6.12)、式(6.13)可知，在 $\boldsymbol{n}_v$ 与 $\boldsymbol{e}_y$ 平行时，子图像相干融合之后的横向分辨力可提高为原来的 L 倍，$Sa(\cdot)$可以看作横向分辨力的改善因子。

综合上述分析，可以总结在 $\boldsymbol{n}_v$ 与 $\boldsymbol{e}_y$ 平行时，基于子图像融合的 MIMO - ISAR 成像算法步骤为

步骤 1：使用传统 ISAR 的 R - D 算法对每一个阵元通道的成像数据进行成像，得到 L 个低分辨的子图像；

步骤 2：选择第 1 个阵元通道的子图像为参考图像，利用相关法对 L 个子图像进行图像配准；

步骤 3：估计 MIMO－ISAR 中目标的转速 ω_0，求取阵元间隔对应的时间间隔 $T_l=\dfrac{\beta}{\omega_0}$；

步骤 4：构建相位补偿因子 $\exp(\mathrm{j}2\pi f_{dq}\tau_l)$，其中 $\tau_l=(l-1)T_l$，实现 L 个子图像的相干叠加，得到高分辨的二维像。

6.3.2 $\boldsymbol{n}_v$ 与 $\boldsymbol{e}_y$ 不平行

当 $\boldsymbol{n}_v$ 与 $\boldsymbol{e}_y$ 不平行，夹角为 θ 时，MIMO－ISAR 每一个阵元通道所对应的成像平面均不相同，其成像平面的法向量分别为 $\boldsymbol{n}_l(0)\times\boldsymbol{n}_v$，$l=1,2,\cdots,L$。成像平面的坐标轴方向向量分别为 $\boldsymbol{\kappa}_l$、$\boldsymbol{\gamma}_l$，那么同一个散射点在第 l 阵元通道所对应的成像平面上的投影为

$$\begin{cases}R_{ql}=\boldsymbol{r}_q\cdot\boldsymbol{\gamma}_l\\ x_{ql}=\boldsymbol{r}_q\cdot\boldsymbol{\kappa}_l\end{cases}\tag{6.15}$$

由式(6.15)可得：

$$\begin{aligned}x_{ql}&=\boldsymbol{r}_q\cdot\boldsymbol{\kappa}_l\\&\approx\boldsymbol{r}_q\cdot\left(\frac{\|\boldsymbol{v}\|}{\|\boldsymbol{R}_1(0)\|}\left\{\boldsymbol{n}_1(0)\times\boldsymbol{n}_v\times\boldsymbol{n}_1(0)+\left[2\boldsymbol{n}_1(0)+\frac{(l-1)d\boldsymbol{e}_y}{\|\boldsymbol{R}_1(0)\|}\right]\times\boldsymbol{n}_v\times\right.\right.\\&\qquad\left.\left.\frac{(l-1)d\boldsymbol{e}_y}{\|\boldsymbol{R}_1(0)\|}\right\}\right)\\&=x_q+\Delta x_{ql}\end{aligned}\tag{6.16}$$

$$\begin{cases}x_q=\boldsymbol{r}_q\cdot\left(\dfrac{\|\boldsymbol{v}\|}{\|\boldsymbol{R}_1(0)\|}(\boldsymbol{n}_1(0)\times\boldsymbol{n}_v\times\boldsymbol{n}_1(0))\right)\\ =\dfrac{\|\boldsymbol{v}\|\cos(\alpha)}{\|\boldsymbol{R}_1(0)\|}\cdot\|\boldsymbol{r}_q\|\\ \Delta x_{ql}=\boldsymbol{r}_q\cdot\left(2\dfrac{\|\boldsymbol{v}\|(l-1)d}{\|\boldsymbol{R}_1(0)\|^2}(\boldsymbol{n}_1(0)\times\boldsymbol{n}_v\times\boldsymbol{e}_y)\right)=\dfrac{2\mu(L-1)d\sin(\theta)}{\|\boldsymbol{R}_1(0)\|}\cdot x_q\end{cases}\tag{6.17}$$

式(6.17)中，α、β 分别为 $\boldsymbol{r}_q$ 与 $\boldsymbol{n}_1(0)\times\boldsymbol{n}_v\times\boldsymbol{n}_1(0)$、$\boldsymbol{n}_1(0)\times\boldsymbol{n}_v\times\boldsymbol{e}_y$ 的夹角，$\mu_0=\dfrac{\cos(\beta)}{\cos(\alpha)}$，为一常数。那么，散射点的横向多普勒为 $f_{dql}=\dfrac{4\pi x_{ql}\omega}{\lambda}$。

考察式(6.14)、式(6.15)，在 n_v 与 e_y 之间存在夹角时，对于每一个阵元通道来说，成像平面不同。因而，在不同的阵元通道的二维像之间，横向多普勒会

发生 Δf_{dql} 的走动，那么式(6.7)就可以表示为

$$s_l(f_d) = T\sum_{q=1}^{Q}\text{sinc}\{\pi T[f_d - (f_{dq} + \Delta f_{dql})]\}\exp(j2\pi f_{dq}^{y}\tau_l) \tag{6.18}$$

式中，$\Delta f_{dql} = \dfrac{4\pi\Delta x_{ql}\omega}{\lambda}$。

由式(6.18)可以看出，相比于 $\boldsymbol{n}_v$ 与 $\boldsymbol{e}_y$ 平行的情况，在 $\boldsymbol{n}_v$ 与 $\boldsymbol{e}_y$ 之间存在夹角时，回波信号的频域模型更为复杂，主要表现在：

(1)同一散射点在不同阵元通道时，由于成像平面的不同，成像结果会出现散射点位置在距离和多普勒两维的走动；

(2)由于 $\boldsymbol{n}_v$ 与 $\boldsymbol{e}_y$ 存在夹角，f_{dql}^{v} 的变化与 f_{dql}^{y} 不在同一个成像平面，造成改善因子峰值与子图像峰值失配，影响最终的成像效果。

由此可见，目标速度方向矢量 $\boldsymbol{n}_v$ 与阵列矢量 $\boldsymbol{e}_y$ 之间的夹角大小对 f_{dql}^{v} 与 f_{dql}^{y} 均有影响，解决夹角对成像的影响这一问题，成为利用图像融合对 MIMO－ISAR 进行成像的关键。

对于 MIMO－ISAR 成像来说，其积累时间较小，目标转角一般要比传统 ISAR 成像的转角小得多，若目标尺寸满足：

$$\frac{2(L-1)d\sin(\theta)}{\|\boldsymbol{R}_1(0)\|}\cdot x_q < \Delta x \tag{6.19}$$

即：

$$x_q < \frac{\|\boldsymbol{R}_1(0)\|}{2(L-1)d\sin(\theta)}\cdot\Delta x \tag{6.20}$$

则可以忽略散射点走动对成像的影响。

式(6.20)中，Δx 表示成像的横向分辨力，x_q 表示散射点横向尺寸。

由(6.20)式可知，在散射点横向尺寸满足式(6.20)时，可忽略散射点位置走动对成像的影响，即 $f_{dql} \approx f_{dq}^{v}$，式(6.18)可以表示为

$$s_l(f_d) \approx T\sum_{q=1}^{Q}\text{sinc}[\pi T(f_d - f_{dq}^{v})]\exp(j2\pi f_{dq}^{y}\tau_l) \tag{6.21}$$

那么，在 $\boldsymbol{n}_v$ 与 $\boldsymbol{e}_y$ 之间存在夹角时，同样可以对子图像进行相干叠加处理，以期获得更高的横向分辨力，其相干叠加后的表达式形式与式(6.11)相似：

$$S(f_d) \approx AT\sum_{q=1}^{Q}\text{sinc}[\pi T(f_d - f_{dq}^{v})]Sa[\pi T_l(f_d - f_{dq}^{y}), L] \tag{6.22}$$

其中，$f_{dql}^{v} = f_{dq} + \Delta f_{dql}$，

$$Sa[\pi T_l(f_d - f_{dq}^{y}), L] = \frac{\text{sinc}(\pi L T_l(f_d - f_{dq}^{y}))}{\text{sinc}(\pi T_l(f_d - f_{dq}^{y}))} \tag{6.23}$$

式(6.22)中,sinc(·)与 Sa(·)分别表示横向像与改善因子。考察式(6.22)(6.23),横向像 sinc(·)的位置由 f_{dq}^{v} 决定,改善因子 Sa(·)的峰值位置由 f_{dq}^{y} 决定,由上述分析可知,显然二者不相等。那么,若是直接对子图像进行相干叠加,散射点横向像与改善因子之间的峰值就会存在一定的错位,影响最终的成像质量,如图 6.1 所示。

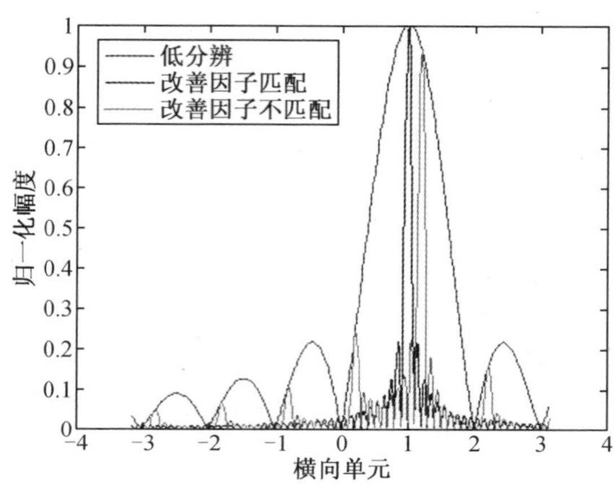

图 6.1 横向像与改善关系示意图

因此,在 $\boldsymbol{n}_v$ 与 $\boldsymbol{e}_y$ 之间存在夹角时,对于基于子图像融合的 MIMO - ISAR 成像,在相干叠加之前,必须对图像分辨力的改善因子予以校正,使之与目标像匹配,有关改善因子的校正问题将在 6.4 节中进行详细探讨。

综上所述,对于利用子图像融合对 MIMO - ISAR 成像可得以下结论:

(1)目标的横向尺寸、阵列长度以及目标速度矢量都会对散射点的横向位置走动产生影响。但对于雷达来说,阵列长度一般是固定的,那么,由此可得,在目标速度矢量一定时,若目标尺寸满足式(6.20)时,可以忽略成像平面引起的散射点位置走动,直接进行相干叠加成像,对于小角度转动的目标,一般都是满足该条件的;而在目标大尺寸、大转角时则不能忽略,必须予以校正,这部分将在 6.4 节进行详细讨论。

(2)$\boldsymbol{n}_v$ 与 $\boldsymbol{e}_y$ 之间的夹角不为零时,散射点的横向像与改善因子之间会出现峰值失配问题,会使得成像结果出现许多虚假点。

那么,对于 $\boldsymbol{n}_v$ 与 $\boldsymbol{e}_y$ 之间存在夹角的情形,其利用基于子图像融合进行 MIMO - ISAR 成像的算法流程可以总结为

步骤 1:使用传统 ISAR 的 R - D 算法对每一个阵元通道的成像数据进行成

像,得到 L 个低分辨的子图像;

步骤 2:选择第 1 个阵元通道的子图像为参考图像,利用相关法对 L 个子图像进行图像配准;

步骤 3:估计 MIMO – ISAR 中目标的转速 ω_0,求取阵元间隔对应的时间间隔 $T_l = \dfrac{\beta}{\omega_0}$;

步骤 4:对子图像进行相位补偿,对横向像与改善因子之间的峰值失配进行校正;

步骤 5:构建相位补偿因子 $\exp(\mathrm{j}2\pi f_{\mathrm{d}q}\tau_l)$,其中 $\tau_l = (l-1)T_l$,实现 L 个子图像的相干叠加,得到高分辨的二维像。

6.4　改善因子校正方法

由前述分析可知,单个距离单元的子图像可用 $s_l(f_{\mathrm{d}})$ 表示,其表示式为

$$S(f_{\mathrm{d}}) \approx AT\sum_{q=1}^{Q}\mathrm{sinc}[\pi T(f_{\mathrm{d}} - f_{\mathrm{d}q}^{v})]Sa[\pi T_l(f_{\mathrm{d}} - f_{\mathrm{d}q}^{y}), L] \tag{6.24}$$

由于式(6.22)中 $f_{\mathrm{d}q}^{v}$ 与 $f_{\mathrm{d}q}^{y}$ 不相等,因此改善因子 $Sa(\cdot)$ 与散射点横向像 $\mathrm{sinc}(\cdot)$ 之间会出现峰值失配,在成像结果中产生虚假像。为提高成像质量,必须在成像过程中对进行改善因子失配校正。

首先,由成像平面可得空间中坐标向量为 r_q 的散射点转动多普勒:

$$\begin{cases} f_{\mathrm{d}q}^{v} = \dfrac{4\pi}{\lambda}(r_q \cdot \boldsymbol{\kappa}_v(t)) = \dfrac{4\pi}{\lambda}\left\{\boldsymbol{r}_q \cdot \left[\dfrac{\|\boldsymbol{v}\|}{\|\boldsymbol{R}_1(0)\|}(\boldsymbol{n}_1(0) \times \boldsymbol{n}_v \times \boldsymbol{n}_1(0))\right]\right\} \\ f_{\mathrm{d}q}^{y} = \dfrac{4\pi}{\lambda}(\boldsymbol{r}_q \cdot \boldsymbol{\kappa}_y(l)) = \dfrac{4\pi}{\lambda}\left\{\boldsymbol{r}_q \cdot \left[\dfrac{d}{\|R_1(0)\|}(\boldsymbol{n}_1(0) \times \boldsymbol{e}_y \times \boldsymbol{n}_1(0))\right]\right\} \end{cases} \tag{6.25}$$

式中　“·”——向量点乘运算;

“×”——向量叉乘运算。

令:

$$\mu = \frac{f_{\mathrm{d}q}^{y}}{f_{\mathrm{d}q}^{v}} = \frac{\boldsymbol{r}_q \cdot \left[\dfrac{d}{\|\boldsymbol{R}_1(0)\|}(\boldsymbol{n}_1(0) \times \boldsymbol{e}_y \times \boldsymbol{n}_1(0))\right]}{\boldsymbol{r}_q \cdot \left[\dfrac{\|\boldsymbol{v}\|}{\|\boldsymbol{R}_1(0)\|}(\boldsymbol{n}_1(0) \times \boldsymbol{n}_v \times \boldsymbol{n}_1(0))\right]}$$

$$=\frac{\|\boldsymbol{v}\|}{d}\left(\frac{\boldsymbol{r}_q\cdot(\boldsymbol{n}_1(0)\times\boldsymbol{e}_y\times\boldsymbol{n}_1(0))}{\boldsymbol{r}_q\cdot(\boldsymbol{n}_1(0)\times\boldsymbol{n}_v\times\boldsymbol{n}_1(0))}\right) \tag{6.26}$$

式中　$\|\boldsymbol{v}\|$、$\boldsymbol{n}_v$——目标的速度大小及矢量；

d、$\boldsymbol{E}_y$——MIMO 雷达阵列的阵元间隔及方向矢量。

在 MIMO - ISAR 成像中，成像积累时间很短，近似为匀速运动，其大小及方向均为定值，MIMO 雷达阵列也为定值。因此，式(6.26)中$f^v_{\mathrm{d}q}$与$f^y_{\mathrm{d}q}$的比值为常数，即$f^y_{\mathrm{d}q}=\mu f^v_{\mathrm{d}q}$。那么，式(6.21)就可转化为

$$\begin{aligned}s_l(f_\mathrm{d})&\approx T\sum_{q=1}^{Q}\mathrm{sinc}[\pi T(f_\mathrm{d}-f^v_{\mathrm{d}q})]\exp(\mathrm{j}2\pi\mu f^v_{\mathrm{d}q}\tau_l)\\&=T\sum_{q=1}^{Q}\mathrm{sinc}[\pi T(f_\mathrm{d}-f^v_{\mathrm{d}q})]\exp(\mathrm{j}2\pi f^v_{\mathrm{d}q}\tau'_l)\end{aligned} \tag{6.27}$$

式(6.27)中，$\tau'=(l-1)\mu T_l$，构建相位因子 $\exp(\mathrm{j}2\pi f_\mathrm{d}\tau'_l)$，对式(6.27)进行相干叠加，可得：

$$\begin{aligned}S(f_\mathrm{d})&=\sum_{l=1}^{L}s_l(f_\mathrm{d})\exp(\mathrm{j}2\pi f_\mathrm{d}\tau'_l)\\&=AT\sum_{q=1}^{Q}\mathrm{sinc}[\pi T(f_\mathrm{d}-f^v_{\mathrm{d}q})]Sa[\pi T_l(\mu f_\mathrm{d}-f^y_{\mathrm{d}q}),L]\\&=AT\sum_{q=1}^{Q}\mathrm{sinc}[\pi T(f_\mathrm{d}-f^v_{\mathrm{d}q})]Sa[\pi\mu T_l(f_\mathrm{d}-f^v_{\mathrm{d}q}),L]\end{aligned} \tag{6.28}$$

其中

$$Sa[\pi\mu T_l(f_\mathrm{d}-f^v_{\mathrm{d}q}),L]=\frac{\mathrm{sinc}[\pi I\mu T_l(f_\mathrm{d}-f^v_{\mathrm{d}q})]}{\mathrm{sinc}[\pi\mu T_l(f_\mathrm{d}-f^v_{\mathrm{d}q})]} \tag{6.29}$$

显然，式(6.28)、式(6.29)中，散射点横向像与改善因子的峰值失配被校正，但是由于引入了常数μ，会使得改善因子的主瓣宽度发生改变，这一过程可以描述为图 6.3 所示的过程。

图 6.2(a)为同一散射点在两个不同成像平面上的成像示意图，图 6.2(b)为其投影示意图。由图 6.2 可以看出，在改善因子失配未校正之前，sinc(·)与 Sa(·)处于不同的成像平面坐标系，尺度因子不一致，因此二者不可以直接相乘。经过改善因子失配校正之后，随着 $\boldsymbol{n}_v$ 与 $\boldsymbol{e}_y$ 之间夹角的变化，沿$f^v_{\mathrm{d}ql}$方向的 sinc(·)与沿$f^y_{\mathrm{d}ql}$方向 Sa(·)之间的夹角也在变化，当 sinc(·)的分布方向与 Sa(·)平行时，Sa(·)对横向分辨力的改善效果最好；随着 sinc(·)分布方向与 Sa(·)分布方向夹角的增大，Sa(·)的改善效果变差；当 sinc(·)分布方向与 Sa(·)分布方向垂直时，改善因子失效，Sa(·)的改善效果为零，此时对子图像进行相干融合处理不能使其分辨力提高。由此可见，对于改善因子的失

配,可通过构建变尺度的相位因子 $\exp(j2\pi f_d \tau_l')$ 进行校正,相位因子中的常数 μ 须通过估计得出,具体估计方法将在 6.4.2 节进行详细阐述。

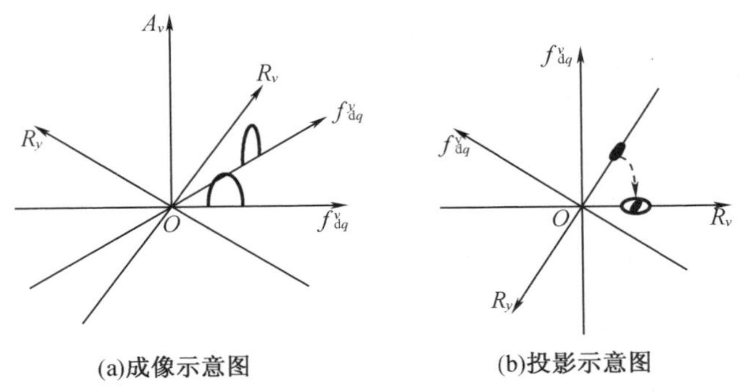

图 6.2　MIMO - ISAR 点扩散函数示意图

综合上述分析可得,MIMO - ISAR 成像在 $\boldsymbol{n}_v$ 与 $\boldsymbol{e}_y$ 之间存在夹角的情形下,若采用子图像相干融合的方法进行成像,必须对散射点像与改善因子之间的失配进行校正。本节利用成像平面分析方法,推导出转动多普勒的表达式,得出散射点横向多普勒与其对应的改善因子峰值所对应的多普勒之间的比值为常数,并基于此提出一种基于横向尺度变换的改善因子校正方法。理论推导表明,该方法能够对改善因子的失配进行有效校正,但随着 $\boldsymbol{n}_v$ 与 $\boldsymbol{e}_y$ 之间夹角的改变,改善因子的分辨力改善性能有所下降,且夹角为 90°时,不能改善分辨力。

由 6.3 节可知,在 MIMO - ISAR 成像中目标速度与阵列之间存在夹角时,会使得改善因子与横向像之间峰值产生失配,上述分析给出了一种基于尺度变换的失配因子校正方法,但是这一方法在构建相位因子时会存在一个未知的常系数 μ,因此,参数 μ 的估计问题成为基于图像融合的 MIMO - ISAR 成像中的关键问题。

针对这一问题,可分别从熵最小和稀疏求解的角度,对参数 μ 进行估计,详细推导如下。

6.4.1　最小熵方法

由式(6.22)、式(6.23)可知,在 $\boldsymbol{n}_v$ 与 $\boldsymbol{e}_y$ 之间存在夹角时,sinc(・)与 Sa(・)处于不同的成像平面坐标系,二者之间产生失配,造成散射点横向位置改变,且会出现散射点虚假像,成像质量下降。熵是衡量成像质量的一个重要指标,熵越大成像质量越差,熵越小成像质量越好。此处,就以一维横向像的最小熵为准则,估计参数 μ 的值。

那么,依据改善因子失配校正方法,构建相位因子 $\exp(\mathrm{j}2\pi\mu f_{\mathrm{d}}\tau_l)$,那么由式(6.28)可得相干叠加之后表达式为

$$S(f_{\mathrm{d}}) = AT\sum_{q=1}^{Q}\mathrm{sinc}[\pi T(f_{\mathrm{d}} - f_{dq}^{v})]Sa[\pi\mu T_l(f_{\mathrm{d}} - f_{\mathrm{d}q}^{v}), L] \tag{6.30}$$

由式(6.30)可知,在满足 $f_{\mathrm{d}q}^{y} = \mu f_{\mathrm{d}q}^{v}$ 时,改善因子与横向像之间恰好匹配,此时成像质量最高。相位因子中的常数 μ 可采用一维方位像熵最小的方法进行估计,即:

$$\hat{\mu} = \min_{\mu}[P(S(f_{\mathrm{d}}))] \tag{6.31}$$

式(6.31)中:

$$P(S(f_{\mathrm{d}})) = \sum_{n} -\frac{1}{S_g}\ln\left(\frac{|S(f_{\mathrm{d}})|}{\sum_{n}|S(f_{\mathrm{d}})|}\right),\quad S_g = \sum_{n}\frac{|S(f_{\mathrm{d}})|}{\sum_{n}|S(f_{\mathrm{d}})|} \tag{6.32}$$

式中,$P(S(f_{\mathrm{d}}))$ 表示对一维方位像 $S(f_{\mathrm{d}})$ 求熵。通过式(6.31)即可实现对参数 μ 的估计。

6.4.2 基于稀疏求解的参数估计方法

由式(6.1)可知,MIMO 阵列可获得 L 个通道的回波数据,可看成是 MIMO 雷达第 l 个通道的回波数据,$l = 1,2,\cdots,L$。那么,第 q 个散射点回波信号可用矩阵表示为

$$\boldsymbol{S}_q(\hat{t},p) = \begin{bmatrix} s_{1q}(\hat{t},1) & s_{1q}(\hat{t},2) & \cdots & s_{1q}(\hat{t},P) \\ s_{2q}(\hat{t},1) & s_{2q}(\hat{t},2) & \cdots & s_{2q}(\hat{t},P) \\ \vdots & \vdots & \ddots & \vdots \\ s_{Lq}(\hat{t},1) & s_{Lq}(\hat{t},2) & \cdots & s_{Lq}(\hat{t},P) \end{bmatrix} \tag{6.33}$$

式(6.31)中,每一行表示一个观测通道回波数据,由式(6.19)可得回波数据的频域表示式为

$$\boldsymbol{S}_q(\hat{t},f_{\mathrm{d}}) = \begin{bmatrix} s_q(\hat{t},f_{\mathrm{d}})\cdot\exp(\mathrm{j}2\pi f_{\mathrm{d}q}^{y}T_l) \\ s_q(\hat{t},f_{\mathrm{d}})\cdot\exp(\mathrm{j}2\pi f_{\mathrm{d}q}^{y}(2T_l)) \\ \vdots \\ s_q(\hat{t},f_{\mathrm{d}})\cdot\exp(\mathrm{j}2\pi f_{\mathrm{d}q}^{y}(L-1)T_l) \end{bmatrix} \tag{6.34}$$

取一个距离单元数据:

$$\boldsymbol{S}_q(f_\mathrm{d})=\begin{bmatrix} s_l(f_\mathrm{d})\cdot\exp(\mathrm{j}2\pi f_{\mathrm{d}q}^{y}T_l) \\ s_l(f_\mathrm{d})\cdot\exp(\mathrm{j}2\pi f_{\mathrm{d}q}^{y}(2T_l)) \\ \vdots \\ s_l(f_\mathrm{d})\cdot\exp(\mathrm{j}2\pi f_{\mathrm{d}q}^{y}(L-1)T_l) \end{bmatrix} \tag{6.35}$$

依据图像融合 MIMO – ISAR 成像原理，构建相位补偿因子矢量：

$$\boldsymbol{a}=\begin{bmatrix} \exp(\mathrm{j}2\pi f_\mathrm{d}\mu T_l) \\ \exp(\mathrm{j}2\pi f_\mathrm{d}(2\mu T_l)) \\ \vdots \\ \exp(\mathrm{j}2\pi f_\mathrm{d}(L-1)\mu T_l) \end{bmatrix}=\begin{bmatrix} \exp(\mathrm{j}2\pi f_\mathrm{d}\tau_l') \\ \exp(\mathrm{j}2\pi f_\mathrm{d}(2\tau_l')) \\ \vdots \\ \exp(\mathrm{j}2\pi f_\mathrm{d}(L-1)\tau_l') \end{bmatrix} \tag{6.36}$$

那么，相位补偿后相干叠加的成像结果为

$$I_q(f_\mathrm{d})=\boldsymbol{a}^H\boldsymbol{S}_q(f_\mathrm{d}) \tag{6.37}$$

但是由于 τ_l'未知，因而需要估计出 τ_l'，以构建式(6.36)的相位因子。

那么，MIMO – ISAR 的频域模型可以表示

$$\widetilde{\boldsymbol{S}}_q=\boldsymbol{\Phi\theta}+\boldsymbol{n} \tag{6.38}$$

式中，$\widetilde{\boldsymbol{S}}_q$ 为 $\boldsymbol{S}_q(f_\mathrm{d})$离散表示式：

$$\widetilde{\boldsymbol{S}}_q=\begin{bmatrix} s_q(\boldsymbol{f}_\mathrm{d})\odot\exp\left(-\dfrac{2\pi}{\lambda}\cdot\boldsymbol{f}_\mathrm{d}\tau'\right) \\ s_q(\boldsymbol{f}_\mathrm{d})\odot\exp\left(-\dfrac{2\pi}{\lambda}\cdot 2\boldsymbol{f}_\mathrm{d}\tau'\right) \\ \vdots \\ s_q(\boldsymbol{f}_\mathrm{d})\odot\exp\left(-\dfrac{2\pi}{\lambda}\cdot L\boldsymbol{f}_\mathrm{d}\tau_l'\right) \end{bmatrix} \tag{6.39}$$

式中　$\odot$——Hadamard 积；

$\boldsymbol{f}_\mathrm{d}$——多普勒域的 K 划分，即：

$$\boldsymbol{f}_\mathrm{d}=[\Delta f_\mathrm{d},2\Delta f_\mathrm{d},\cdots,K\Delta f_\mathrm{d}]^\mathrm{T} \tag{6.40}$$

对 μ 进行划分，点数为 L_0，$\boldsymbol{\Phi}$ 为基于 μ 划分构建的稀疏基矩阵：

$$\boldsymbol{\Phi}=\begin{bmatrix} \exp\left(-\dfrac{2\pi}{\lambda}\cdot\boldsymbol{f}_\mathrm{d}\mu_1\right) & \exp\left(-\dfrac{2\pi}{\lambda}\cdot\boldsymbol{f}_\mathrm{d}\mu_2\right) & \cdots & \exp\left(-\dfrac{2\pi}{\lambda}\cdot\boldsymbol{f}_\mathrm{d}\mu_{L_0}\right) \\ \exp\left(-\dfrac{2\pi}{\lambda}\cdot 2\boldsymbol{f}_\mathrm{d}\mu_1\right) & \exp\left(-\dfrac{2\pi}{\lambda}\cdot 2\boldsymbol{f}_\mathrm{d}\mu_2\right) & \cdots & \exp\left(-\dfrac{2\pi}{\lambda}\cdot 2\boldsymbol{f}_\mathrm{d}\mu_{L_0}\right) \\ \vdots & \vdots & \ddots & \vdots \\ \exp\left(-\dfrac{2\pi}{\lambda}\cdot L\boldsymbol{f}_\mathrm{d}\mu_1\right) & \exp\left(-\dfrac{2\pi}{\lambda}\cdot L\boldsymbol{f}_\mathrm{d}\mu_2\right) & \cdots & \exp\left(-\dfrac{2\pi}{\lambda}\cdot L\boldsymbol{f}_\mathrm{d}\mu_{L_0}\right) \end{bmatrix} \tag{6.41}$$

$\boldsymbol{\theta}=[\theta_1(\boldsymbol{f}_{\mathrm{d}}) \quad \theta_2(\boldsymbol{f}_{\mathrm{d}}) \quad \cdots \quad \theta_{L_0}(\boldsymbol{f}_{\mathrm{d}})]^{\mathrm{T}}$，$\theta_l(\boldsymbol{f}_{\mathrm{d}})$表示$\mu_l$对应的复散射系数矩阵组成的向量，$n$表示加性噪声向量。

由上述分析可知，μ与f_{d}无关，那么就可以利用稀疏求解方法对$\hat{\mu}$进行估计，即如式(6.42)的优化问题求解，即

$$\hat{\mu}=\arg\max_{\mu_l}(\|\boldsymbol{\Phi}^H\widetilde{\boldsymbol{S}}_i\|_1) \tag{6.42}$$

6.5 仿真实验

阵列参数设置：仿真采用3发4收MIMO阵列，发射阵元坐标为(－300,0,0)(－180,0,0)(－60,0,0)，接收阵元坐标为(60,0,0)(90,0,0)(120,0,0)(150,0,0)。目标散射点设置：目标坐标位置如图6.3所示，目标中心位置为(0,0,10 000)。

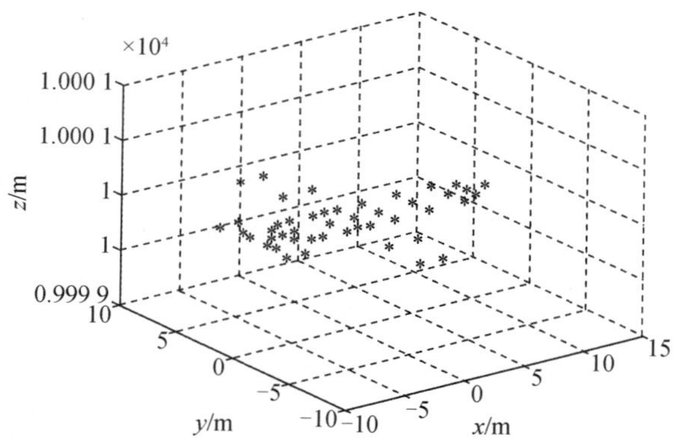

图6.3　目标散射点位置图

仿真数据产生的雷达参数设置见表6.1。

表6.1　雷达参数

载频	10 GHz
信号形式	相位编码
信号带宽	500 MHz
采样率	1 GHz

表 6.1(续)

脉冲宽度	80 ns
子脉冲宽度	2 ns
脉冲重复频率	400 Hz
脉冲积累时间	0.1 s

仿真 1:基于图像融合的 MIMO - ISAR 成像算法验证

基于仿真参数设置,对 $\boldsymbol{n}_v$ 与 $\boldsymbol{e}_y$ 夹角分别为 0°、45°和 90°时进行计算机仿真验证,结果如图 6.4 所示。

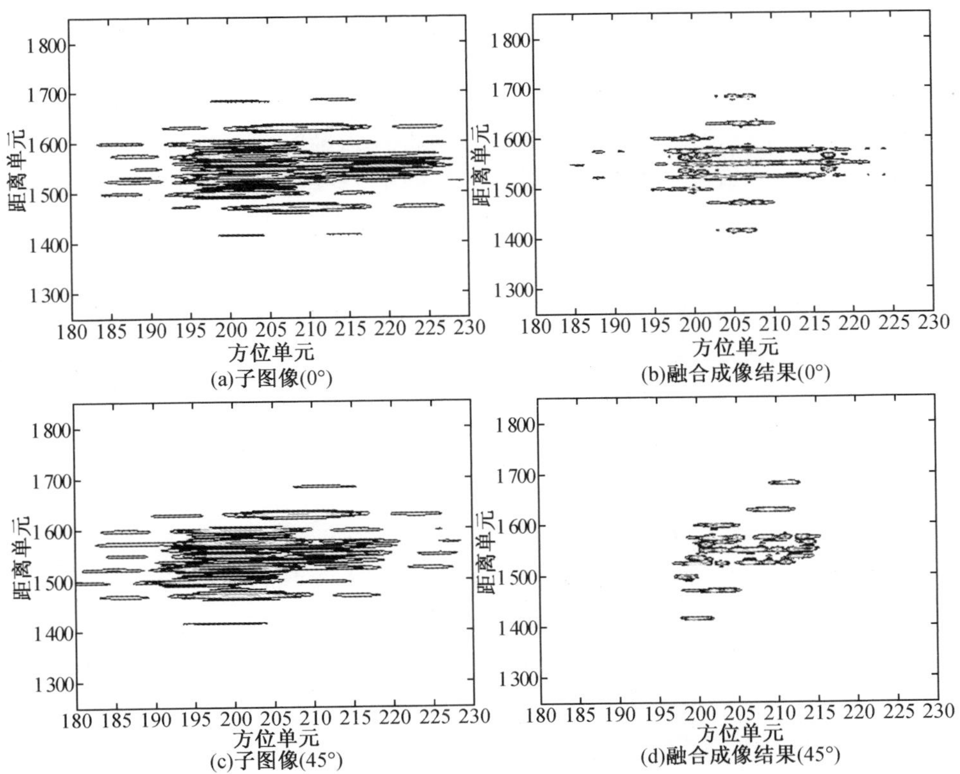

(a)子图像(0°)　(b)融合成像结果(0°)

(c)子图像(45°)　(d)融合成像结果(45°)

图 6.4　子图像融合成像结果对比

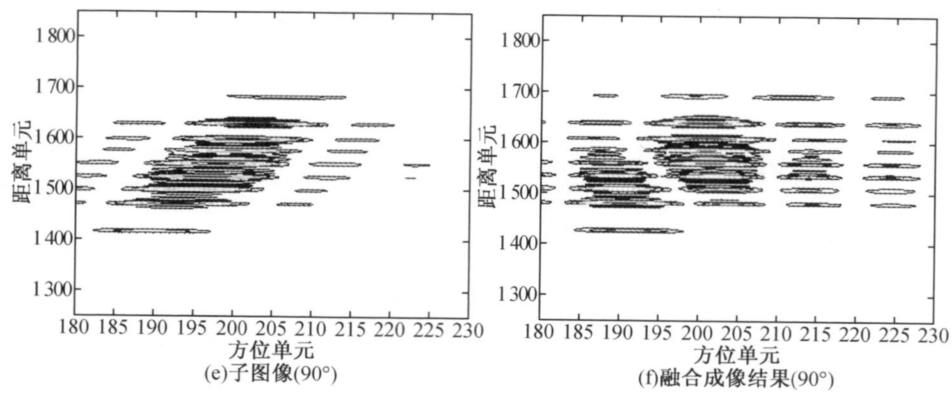

(e)子图像(90°)　(f)融合成像结果(90°)

图 6.4　(续)

由图 6.4 可以看出,利用子图像融合的方法进行 MIMO - ISAR 成像,可以获得比子图像分辨力更高的图像,验证了该方法的有效性。对比图 6.4(b)与图 6.4(d),两个成像结果在目标的形状上发生了改变,这是由于在不同的目标速度矢量情况下 MIMO - ISAR 的成像平面不同引起的,与上述分析结论一致。对比图 6.4(b)与图 6.4(f),可以看出,在目标速度与阵列夹角为 90°时,基于子图像融合的 MIMO - ISAR 成像方法无法改善图像的横向分辨力。

为进一步说明分辨力改善与速度、阵列之间夹角的关系,提取第 1 637 距离单元的方位向剖面进行对比,如图 6.5 所示。

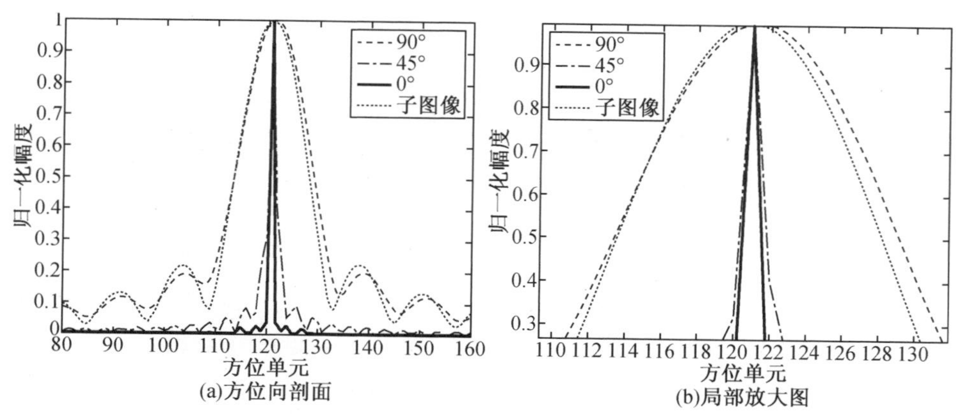

(a)方位向剖面　(b)局部放大图

图 6.5　方位向剖面图

由图 6.5 可以看出 0°时,一维方位像的主瓣宽度最窄,MIMO - ISAR 成像的横向分辨力改善效果最佳,45°时一维方位像的主瓣宽度有所增加,但横向改善效果仍十分明显,90°时的一维方位像则具有较大的主瓣宽度,与未融合之前子图像的方位向主瓣宽度几乎相同,即在夹角为90°时,图像融合对方位向分辨力无改善。

仿真2:改善因子失配校正实验

为验证改善因子校正方法的有效性,对速度矢量与阵列夹角为45°时的目标进行基于图像融合的 MIMO－ISAR 二维成像仿真,结果如图6.6所示。

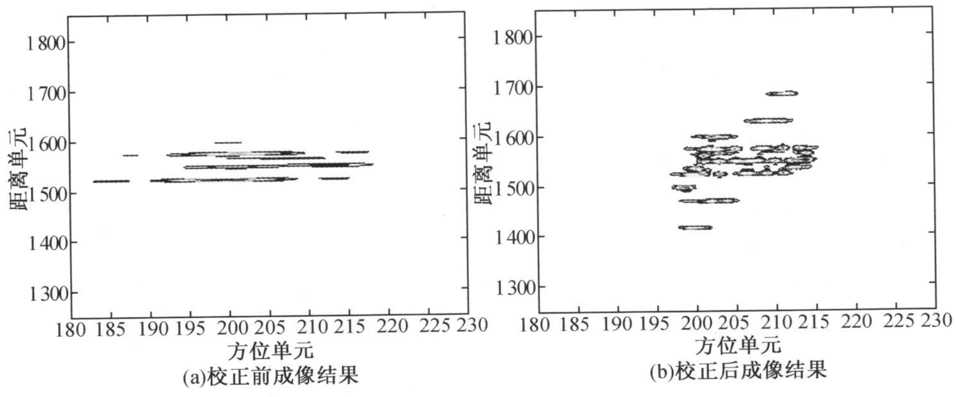

图6.6　改善因子失配校正仿真

图6.6给出了改善因子失配校正的仿真结果。其中,图6.6(a)为校正前的成像结果,由图中可以看出,由于改善因子失配,目标的成像结果中只有极少数点可以聚焦,无法分辨目标的形状,成像失败;图6.6(b)则为改善因子校正后的成像结果,相比于图6.6(a),图6.6(b)的能够对目标进行成像,可以分辨目标的形状,仿真证明了基于尺度变换的改善因子校正方法的有效性。

6.6　本章小结

本章结合 MIMO－ISAR 成像多通道以及通道之间的相参性,将图像融合的思想用于 MIMO－ISAR 成像,可以避免现有 MIMO－ISAR 成像算法复杂的误差补偿和数据均匀化处理过程,过程简单,易于实现。针对目标速度矢量与阵列存在夹角时散射点像与改善因子之间失配这一问题,提出一种基于尺度变换的改善因子失配校正算法,同时对尺度变换因子 μ 的估计问题进行了讨论,分别使用最小熵方法与稀疏求解方法对 μ 进行估计。本章的具体工作可总结如下:

(1)基于图像融合的思想,分别建立了 MIMO－ISAR 理想成像模型条件下的回波频域模型和 MIMO－ISAR 一般成像模型条件下的回波频域模型,为后续成像方法的讨论奠定基础。

(2)在对 MIMO－ISAR 成像平面分析的基础上,讨论了基于图像融合的 MIMO－ISAR 二维成像算法,并给出了成像算法的一般步骤。在目标速度矢量与阵列方向矢量平行时,MIMO－ISAR 的所有阵元通道的成像平面位于同一平面,在目标小转角条件下,可直接构架相位因子,实现图像的相干融合以及分辨力改善。

(3)在目标速度矢量与阵列方向矢量之间存在夹角时,MIMO－ISAR 的每个阵元通道都对应一个成像平面,且目标的转动多普勒f^{v}_{dql}与阵元位置变化多普勒f^{y}_{dql}不在同一个成像平面,造成散射点像与改善因子失配,理想模型条件下的图像融合 MIMO－ISAR 成像算法会使得成像质量下降,必须对改善因子失配校正。

(4)从成像平面的角度分析,可以得出,对所有散射点来说,改善因子峰值位置的变换与目标横向像位置之间存在固定的比例关系,基于此提出基于尺度变换的改善因子失配校正方法;并对失配因子的估计进行讨论,分别采用最小熵法和稀疏求解方法对失配因子进行了估计。

(5)利用仿真验证了本章的理论分析结论、成像算法、校正算法和参数估计方法等。

参 考 文 献

[1] 保铮,邢孟道,王彤. 雷达成像技术[M]. 北京:电子工业出版社,2005.

[2] SOUMEKH M. Synthetic aperture radar signal processing [M]. New York: Wiley,1999.

[3] OEZDEMIR C. Inverse synthetic aperture radar imaging with MATLAB algorithms[J]. Microwave Journal, 2012, 55(10):190.

[4] 杨建宇. 雷达技术发展规律和宏观趋势分析[J]. 雷达学报,2012,1(1):19 -27.

[5] 周万幸. ISAR 成像系统与技术发展综述[J]. 现代雷达,2012,34(9):1 -7.

[6] WEHNER D R. High resolution radar [M]. Norwood, MA: Artech House, Inc. , 1987.

[7] CHEN C C, CANDREWS H. Target - motion - induced radar imaging[J]. Modern Radar, 1983, AES -16(1):2 -14.

[8] WALKER J L. Range - doppler imaging of rotating objects[J]. IEEE Transactions on Aerospace and Electronic Systems, 1980, 16(1):23 -52.

[9] DELISLE G Y, WU H Q. Moving target imaging and trajectory computation using ISAR[J]. Aerospace & Electronic Systems IEEE Transactions on, 1994,30(3):887 -899.

[10] DELISLE G Y,FANG D G,FANG D G. Translational motion compensation in ISAR image processing.[J]. IEEE transactions on image processing : a publication of the IEEE Signal Processing Society, 1995, 4(11):1561 -1571.

[11] AVENT R K, SHELTON J D, BROWN P. The ALCOR C - band imaging radar [J]. IEEE Antennas and Propagation Magazine, 1996, 38 (3):16 -27.

[12] WEISS H G. The millstone and haystack radars[J]. IEEE Transactions on Aerospace & Electronic Systems, 2002, 37(1):365 -379.

[13] DELANEY W P, WARD W W. Radar development at Lincoln Laboratory: An overview of the first fifty years, 2000, 12(2): 147－166.

[14] A Sourcebook for the Use of the FGAN Tracking and Imaging Radar for Satellite Imaging. http://www.fhr.fgan.de/fhr/fhr_en.html.

[15] MANEILL C E. Enhancement of radar imagery by maximum entropy proeessing [C]// Proceedings of the 21st annual meeting of Human Faetors Soeiety, Santa, Moniea, C.A., 1977:241－243.

[16] TU M W, GUPTA I J. Application of maximum likelihood estimation to radar imaging[J]. IEEE Transactions on Antennas & Propagation, 1997, 45(1):20－27.

[17] BORISON S, BOWLING S B, CUOMO K M. SuPer－resolution methods for wideband radar [J]. Lincoln Laboratry Joumal, 1992, 5(3):441－461.

[18] MUTHALAPATI R M. High resolution reconstruction of SAR image [J]. IEEE Trans Aerosp Electron Syst, 1992, 8(2):462－472.

[19] GUPTA I J. High－resolution radar imaging using 2－D linear prediction[J]. IEEE Transactions on Antennas & Propagation, 1994, 42(1):31－37.

[20] CHEN V C, ROSIERS A D, LIPPS R. BI－static ISAR range－doppler imaging and resolution analysis[C]// California Radar Conference, IEEE, 2009:1－5.

[21] CUOMO K M, PIOU J E, MAYHAN J T. Ultral－wideband coherent processing [J]. IEEE Trans. Antennas Propag, 1999, 47(6): 1094－1107.

[22] SIMON M P, SCHUH M J, WOO A C. Bistatic ISAR images from a time－domain code[J]. IEEE Antennas & Propagation Magazine, 1995, 37(5): 25－32.

[23] STEINBERG D B. Microwave imaging of aircraft[J]. Proceedings of the IEEE, 2005, 76(12):1578－1592.

[24] 芮力，汤子跃．双站步进频率雷达运动目标 ISAR 成像[J]．电光与控制，2010，17(9)：26－29.

[25] 董健，尚朝轩，高梅国，等．空间目标双基地 ISAR 成像的速度补偿研究[J]．中国电子科学研究院学报，2010，5(1)：78－85.

[26] CUOMO K M, PIOU J E, MAYHAN J T. Ultral－wideband coherent processing [J]. IEEE Trans. Antennas Propag, 1999, 47(6): 1094－1107.

[27] 张凌晓,王宝顺,贺思三. 基于图像旋转匹配的组网雷达 ISAR 图像横向定标[J]. 计算机工程与科学,2015,37(4):796-801.

[28] 云日升. 多基站 ISAR 多运动目标成像与横向定标研究[J]. 宇航学报,2012,33(1):107-112.

[29] 云日升,朱迪,康雪艳. 多基站 ISAR 平面转台目标成像模型与仿真研究[J]. 系统仿真学报,2011,23(9):1921-1924.

[30] ZHU Y, SU Y, YU W. An ISAR imaging method based on MIMO technique[J]. IEEE Transactions on Geoscience & Remote Sensing, 2010, 48(8): 3290-3299.

[31] PASTINA D, BUCCIARELLI M, LOMBARDO P. Multistatic and MIMO distributed ISAR for enhanced cross-range resolution of rotating targets[J]. IEEE Transactions on Geoscience & Remote Sensing, 2010, 48(8):3300-3317.

[32] 杨建超, 苏卫民, 顾红. 基于二维频率估计的 MIMO-ISAR 空时二维回波重排方法[J]. 电子与信息学报,2014, 36(9):2180-2186.

[33] 孟藏珍,许稼,王力宝,等. 基于 Clean 处理的 MIMO-SAR 正交波形分离[J]. 电子与信息学报,2013, 35(12):2809-2814.

[34] 黄平平. 两发两收 SAR 系统互相关噪声消除方法研究[J]. 雷达学报,2012, 1(1):91-95.

[35] 孟藏珍,许稼,花良发,等. 基于接收滤波器设计的 MIMO-SAR 波形耦合抑制[J]. 电波科学学报,2014, 29(3):401-407.

[36] 董会旭,张永顺,冯存前,等. 基于线阵的 MIMO-ISAR 二维成像方法[J]. 电子与信息学报,2015,37(2):309-314.

[37] 朱宇涛, 粟毅. 一种 M^2 发 N^2 收 MIMO 雷达平面阵列及其三维成像方法[J]. 中国科学,F 辑,2011, 41(12):1495-1506.

[38] CHAI S, CHEN W. A novel MISO-ISAR for moving airborne target[C]// Synthetic Aperture Radar. IEEE, 2013. Tsukxiba, Japan, 2013:513-516.

[39] MA C Z, YEO T S, ZHAO Y B, et al. MIMO radar 3D imaging based on combined amplitude and total variation cost function with sequential order one negative exponential form[J]. IEEE Transactions on Image Processing, 2014, 23(5):2168-2183.

[40] 王海青, 李彧晟, 朱晓华. 基于快速极坐标格式算法的 MIMO 雷达虚拟

孔径成像[J]. 宇航学报,2013, 34(5):715－720.

[41] TARCHI D, OLIVERI F, SAMMARTINO P F. MIMO Radar and ground－based SAR imaging systems: equivalent approaches for remote sensing[J]. IEEE Transactions on Geoscience & Remote Sensing, 2013, 51(1):425－435.

[42] 陈刚, 顾红, 苏卫民. 采用 ISAR 技术的 MIMO 雷达极坐标格式成像算法研究[J]. 宇航学报,2013, 34(8):1137－1145.

[43] 陈刚, 顾红, 苏卫民,等. MIMO－ISAR 匀加速旋转目标运动参数估计及性能分析[J]. 电子与信息学报,2014, 36(9):1919－1925.

[44] MA C, YEO T S, TAN C S, et al. Three－dimensional imaging of targets using colocated MIMO radar[J]. IEEE Transactions on Geoscience & Remote Sensing, 2011, 49(8):3009－3021.

[45] 陈刚, 顾红,苏卫民,等. 空时不等效对 MIMO 雷达采用 ISAR 技术成像影响的分析[J]. 电子与信息学报,2013, 35 (8):1806－1812.

[46] 董会旭,张永顺,冯存前,等. MIMO－ISAR 空时等效误差校正方法[J]. 系统工程与电子技术,2015,37(11): 2487－2491.

[47] 朱宇涛. 多通道 ISAR 成像技术研究[D]. 长沙:国防科技大学, 2011.

[48] TANG Z, ZHU Z, ZHAN L, et al. Research on imaging of ship target based on bistatic ISAR[C]// Synthetic Aperture Radar, 2009. 2nd Asian－Pacific Conference on. IEEE, 2009: 997－1000.

[49] ZHU X, ZHANG Q, LI H. ISAR imaging analysis of Bistatic FMCW radar [C]. Antennas Propagation and EM Theory (ISAPE), 2010 9th International Symposium on. Guangzhou: IEEE, 2010: 540－543.

[50] CHEN V C, ROSIERS A D, LIPPS R. BI－static ISAR range－doppler imaging and resolution analysis[C]// Radar Conference, IEEE, 2009: 1－6.

[51] COLONE F, FALCONE P, MACERA A, et al. High resolution cross－range profiling with Passive Radar via ISAR processing[C]// Radar Symposium. Leipzig: IEEE, 2011: 301－306.

[52] YONG W, MUNSON D C. Wide－angle ISAR passive imaging using smoothed pseudo Wigner－Ville distribution[C]// Proceedings of the 2001 IEEE Radar Conference (Cat. No.01CH37200). Atlanta, GA: IEEE, 2001: 363－368.

[53] PALMER J, HOMER J, MOJARRABI B. Improving on the monostatic radar cross section of targets by employing sea clutter to emulate a bistatic radar

[C]// Geoscience and Remote Sensing Symposium. Proceedings. 2003 IEEE International. Toulouse, France, 2003,1: 324 – 326.

[54] PALMER J, HOMER J, LONGSTAFF I D, et al. ISAR imaging using an emulated multistatic radar system[J]. IEEE Transactions on Aerospace and Electronic Systems, 2005, 41(4):1464 – 1472.

[55] BURKHOLDER R J, GUPTA L J, JOHNSON J T. Comparison of monostatic and bistatic radar images[C]// IEEE Antennas & Propagation Society International Symposium. IEEE, 2003:41 – 50.

[56] MARTORELLA M, PALMER J, HOMER J, et al. On bistatic inverse synthetic aperture radar[J]. IEEE Transactions on Aerospace & Electronic Systems, 2007, 43(3):1125 – 1134.

[57] MARTORELLA M. Analysis of the robustness of bistatic inverse synthetic aperture radar in the presence of phase synchronisation errors[J]. IEEE Transactions on Aerospace and Electronic Systems, 2011, 47(4):2673 – 2689.

[58] MARTORELLA M, HAYWOOD B, NEL W, et al. Optimal sensor placement for multi – bistatic ISAR imaging[C]. Proceedings of the 7th European Radar Conference, 2010:228 – 231.

[59] SUWA K, WAKAYAMA T, IWAMOTO M. Three – dimensional target geometry and target motion estimation method using multistatic ISAR movies and its performance [J], IEEE Transactions on Geoscience and Remote Sensing, 2011, 49(6): 2361 – 2373.

[60] NAKAMURA S, SUWA K. An experiment study of enhangcement of the cross – range resolution of ISAR imanging using ISDB – T digital TV based passive bistatic radar[C]. IGARSS, 2011: 2837 – 2840.

[61] MA C, YEO T S, GUO Q, et al. Bistatic ISAR imaging incorporating interferometric 3 – D imaging technique [J]. IEEE Transactions on Geoscience and Remote Sensing, 2012, 50(10): 3859 – 3867.

[62] MARTORELLA M, PALMER J, BERIZZI F, et al. Advances in bistatic inverse synthetic aperture radar[C]// 2009 International Radar Conference "Surveillance for a Safer World". IEEE, 2009:1 – 6.

[63] 赵亦工. 双基地逆合成孔径雷达成像及信号外推方法的研究和应用[D]. 北京：北京理工大学，1989.

［64］ 吴勇. 双基地逆合成孔径雷达二维成像算法研究［D］. 长沙：国防科技大学，2005.

［65］ 张亚标，朱振波，汤子跃，等. 双站逆合成孔径雷达成像理论研究［J］. 电子与信息学报，2006，28(6)：969－972.

［66］ 汤子跃，张守融. 双站合成孔径雷达系统原理［M］. 北京：科学出版社，2003.

［67］ 韩兴斌. 基于空间谱域分析的雷达成像技术研究［D］. 长沙：国防科技大学，2006.

［68］ 曹星慧，宿富林，徐国栋. 伪双站 ISAR 成像方法研究［J］. 哈尔滨工程大学学报，2007，28(9)：1036－1039.

［69］ 高昭昭，梁毅，邢孟道，等. 双基地逆合成孔径雷达成像分析［J］. 系统工程与电子技术，2009，31(5)：1055－1059.

［70］ 杨振起，张永顺，骆永军. 双(多)基地雷达系统［M］. 北京：国防工业出版社，1998.

［71］ 邓冬虎，朱小鹏，张群，等. 基于随机共振理论的双基 ISAR 弱信号提取及成像分析［J］. 电子学报，2012，40(9)：1809－1816.

［72］ 朱仁飞，罗迎，张群，等. 双基地 ISAR 成像分析［J］. 现代雷达，2011，33(8)：33－38.

［73］ 朱小鹏，张群，朱仁飞，等. 双站 ISAR 越距离单元徙动分析与校正算法［J］. 系统工程与电子技术，2010，32(9)：1828－1832.

［74］ 朱小鹏，张群，李宏伟. 基于双基地 ISAR 的极坐标格式算法及其改进算法［J］. 宇航学报，2011，32(2)：388－394.

［75］ 董健，尚朝轩，高梅国，等. 双基地 ISAR 成像平面研究及目标回波模型修正［J］. 电子与信息学报，2010，32(8)：1855－1862.

［76］ 郭宝锋，尚朝轩，王俊岭，等. 双基地角时变下的逆合成孔径雷达越分辨单元徙动校正算法［J］. 物理学报，2014，63(23)：416－427.

［77］ 董健，尚朝轩，高梅国，等. 空间目标双基地 ISAR 成像的速度补偿研究［J］. 中国电子科学院学报，2010，5(1)：78－85.

［78］ 尚朝轩，韩宁，董健. 合作空间目标双基地 ISAR 图像畸变分析及校正方法［J］. 电讯技术，2012，52(1)：38－42.

［79］ 韩宁，王立兵，何强，等. 双基角时变下的空间目标 BISAR 自聚焦算法［J］. 航空学报，2012，33(10)：1864－1871.

[80] 许然,李亚超,邢孟道. 基于子孔径参数估计的双基地 ISAR 图像融合方法研究[J]. 电子与信息学报, 2012, 34(3): 622 -626.

[81] 叶春茂,许稼,彭应宁,等. 多视观测下雷达转台目标成像的关键参数估计[J]. 中国科学:信息科学, 2010, 40(11): 1596 -1507.

[82] 芮力,蒋涛,汤子跃. 岸基双基地雷达 ISAR 舰船成像时间选择[J]. 电光与控制, 2011, 18(1): 37 -41.

[83] 李宁,汪玲,张弓. 多基 ISAR 舰船侧视及俯视高分辨率成像方法[J]. 雷达学报,2012,61(2):163 -170.

[84] 徐浩. 基于空间谱理论和时空两维辐射场的雷达成像研究[D]. 合肥: 中国科学技术大学,2011.

[85] 谢洪途,安道祥,黄晓涛,等. 基于椭圆极坐标的一站固定式双基地低频 UWB - SAR FFBP 成像处理[J]. 电子学报,2014,42(3):462 -468.

[86] 陈刚, 顾红,苏卫民. 分布式多入多出雷达相干处理二维分辨率分析[J]. 电波科学学报,2012,27(2):326 -332.

[87] 陈刚. 稀布阵列 MIMO 雷达成像技术研究[D]. 南京:南京理工大学,2014.

[88] 柴守刚. 运动目标分布式雷达成像技术研究[D]. 合肥:中国科学技术大学, 2014.

[89] 朱宇涛,郁文贤,粟毅. 一种基于 MIMO 技术的 ISAR 成像方法[J]. 电子学报,2009, 37(9):1885 -1894.

[90] FISHLER E, HAIMOVICH A, BLUM R, et al. Performance of MIMO radar systems: advantages of angular diversity[C]// Conference Record of the Thirty - Eighth Asilomar Conference on Signals, Systems and Computers, 2004. IEEE, 2004, 1: 305 -309.

[91] FISHLER E, HAIMOVICH A, BLUM R, et al. Spatial diversity in radars - models and detection performance [J]. IEEE Transactions on Signal Processing, 2006, 54(3): 823 -838.

[92] FISHLER E, HAIMOVICH A, BLUM R, et al. MIMO radar: an idea whose time has come [C]//Proceedings of the 2004 IEEE Radar Conference, 2004: 71 -78.

[93] BLISS D W, FORSYTHE K W. Multiple - input multiple - output (MIMO) radar and imaging: degrees of freedom and resolution[C]// Signals, Sys-

tems and Computers, 2003. Conference Record of the Thirty - Seventh Asilomar Conference on, 2003,51(1):54 - 59.

[94] ROBEY F C, COUTTS S, WEIKLE D, et al. MIMO radar theory and experimental results[C]// Conference Record of the Thirty - Eighth Asilomar Conference on Signals, Systems and Computers, 2004. IEEE, 2004, 1(301): 300 - 304.

[95] RABIDEAU D J, PARKER P. Ubiquitous MIMO multifunction digital array radar[C]// Signals, Systems and Computers, 2003. Conference Record of the Thirty - Seventh Asilomar Conference on,2003, 1(1051):1057 - 1064.

[96] XU L, JIAN L, STOICA P. Target detection and parameter estimation for MIMO radar systems[J]. IEEE Transactions on Aerospace & Electronic Systems, 2009, 44(3):927 - 939.

[97] CHERNYAK V S. On the concept of MIMO radar[C]// Radar Conference, 2010 IEEE, 2010: 327 - 332.

[98] JIAN L, STOICA P, XU L, et al. On parameter identifiability of MIMO radar[J]. IEEE Signal Processing Letters, 2007, 14(12):968 - 971.

[99] VARSHNEY K R, CETIN M, FISHER J W, et al. Sparse representation in structured dictionaries with application to synthetic aperture radar [J]. IEEE Transactions on Signal Processing, 2008, 56(8): 3548 - 3561.

[100] CHEN D, CHEN B, ZHANG S. Multiple - input multiple - output radar and sparse array synthetic impulse and aperture radar[C]// International Conference on Radar. IEEE, 2006: 1 - 4.

[101] 王怀军,陆珉,许红波,等. MIMO 雷达成像外场实验研究[J]. 信号处理, 2009, 25(11): 1814 - 1819.

[102] JIAN L, STOICA P. MIMO radar with colocated antennas [J]. IEEE Signal Processing Magazine, 2007, 24(5): 106 - 114.

[103] 何子述,韩春林,刘波. MIMO 雷达概念及其技术特点分析[J]. 电子学报, 2005, 33(12A): 2441 - 2445.

[104] 杨少委,程婷,何子述. MIMO 雷达搜索模式下的射频隐身算法[J]. 电子与信息学报, 2014, 36(5): 1017 - 1022.

[105] DAI X Z, XU J, PENG Y N, et al. A new method of improving the weak target detection performance based on the MIMO radar[C]// International

Conference on Radar, 2007:24 -27.

[106] BEKKERMAN I, TABRIKIAN J. Target detection and localization using MIMO radars and sonars[J]. IEEE Transactions on Signal Processing, 2006, 54(10):3873 -3883.

[107] XU L, JIAN L, STOICA P. Adaptive techniques for MIMO radar[C]// Sensor Array and Multichannel Processing, 2006. Fourth IEEE Workshop on. IEEE, 2006. 258 -262.

[108] HAIMOVICH A M, BLUM R S, CIMINI L J. MIMO radar with widely separated antennas[J]. IEEE Signal Processing Magazine, 2007, 25(1): 116 -129.

[109] MECCA V F, RAMAKRISHNAN D, KROLIK J L. MIMO radar space - time adaptive processing for multipath clutter mitigation[C]// Fourth IEEE Workshop on Sensor Array and Multichannel Processing. IEEE, 2008, 2006:249 -253.

[110] FENG D Z, LI X M, LV H, et al. Two - sided minimum - variance distortionless response beamformer for MIMO radar[J]. Signal Processing, 2009, 89(3):328 -332.

[111] LI J, STOICA P, WANG Z. Doubly constrained robust Capon beamformer. [J]. IEEE Signal Processing, 2004, 52(9): 2407 -2423.

[112] 王万林,廖桂生. 机载预警雷达三维空时自适应处理及其降维研究[J]. 系统工程与电子技术, 2005, 27(3): 431 - 434.

[113] HALE T, TEMPLE M, WICKS M. Target detection in heterogeneous airborne radar interference using 3D STAP[C]// IEEE Radar Conference. IEEE, 2003: 252 -256.

[114] SAMMARTINO P F, BAKER C J, GRIFFITHS H D. Target model effects on MIMO radar performance[C]//IEEE International Conference on Acoustics, Speech, and Signal Processing, Toulouse, 2006: 1129 -1132.

[115] SAMMARTINO P F, BAKER C J, GRIFFITHS H D. Adaptive MIMO radar system in clutter[C]//IEEE Radar Conference, Boston, MA, 2007: 276 -281.

[116] YAZICI A, HAMURCU A C, BAYKAL B. A practical point of view: Performance of Neyman - Pearson detector for MIMO radar in K - distributed

clutter[C]// The 15th Workshop on Statistical Signal Processing, Cardiff, 2009: 273-276.

[117] 屈金佑,张剑云,刘春生. 波形具有任意相关性时 MIMO 雷达的检测性能[J]. 电路与系统学报, 2009, 14(2): 68-73.

[118] GHOBADZADEH A, TADAION A A, TABAN M R. GLR approach for MIMO radar signal sampling in unknown clutter parameter[C]// 2008 International Symposium on Telecommunications. IEEE, 2008: 624-628.

[119] SHEIKHI A, ZAMANI A. Temporal coherent adaptive target detection for multi-input multi-output radars in clutter [J]. IET Radar, Sonar & Navigation, 2008, 2(2): 86-96.

[120] 王鞠庭,江胜利,何劲,等. 机载 MIMO 雷达广义最大似然检测器[J]. 电子与信息学报, 2009, 31(6): 1315-1318.

[121] BEKKERMAN I, TABRIKIAN J. Transmission diversity smoothing for multi-target localization [C]//IEEE International Conference on Acoustics, Speech, and Signal Processing, Philadelphia, PA, 2005: 1041-1044.

[122] 夏威, 何子述. APES 算法在 MIMO 雷达参数估计中的稳健性研究[J]. 电子学报, 2008, 36(9): 1804-1809.

[123] 许红波,王怀军,陆珉,等. 一种新的 MIMO 雷达 DOA 估计方法[J]. 国防科技大学学报, 2009, 31(3): 92-96.

[124] 许红波. MIMO 雷达 DOA 估计算法研究[D]. 长沙: 国防科技大学, 2009.

[125] LEHMANN N H, FISHLER E, HAIMOVICH A M, et al. Evaluation of transmit diversity in MIMO-radar direction finding[J]. IEEE Trans Signal Process, 2007, 55(2): 2215-2225.

[126] 杨明磊,陈伯孝,张守宏. 微波综合脉冲孔径雷达方向图综合研究[J]. 西安电子科技大学学报(自然科学版), 2007, 34(5): 738-742.

[127] SCHMID C M, FEGER R, WAGNER C, et al. Design of a linear non-uniform antenna array for a 77-GHz MIMO FMCW radar[C]// IEEE Mtts International Microwave Workshop on Wireless Sensing. IEEE, 2009: 1-4.

[128] 赵光辉,陈伯孝. 基于二次编码的 MIMO 雷达阵列稀布与天线综合[J]. 系统工程与电子技术, 2008, 30(6): 1032-1036.

[129] MOFFET A. Minimum-redundancy linear arrays[J]. IEEE Transactions

on Antennas and Propagation, 1968, 16(2):172 – 175.

[130] CHEN C Y, VAIDYANATHAN P P. Minimum redundancy MIMO radars [C]// IEEE International Symposium on Circuits & Systems. IEEE, Seattle, 2008:45 – 48.

[131] LIAO G, MING J, LI J. A two – step approach to construct minimum redundancy MIMO radars[C]// 2009 International Radar Conference "Surveillance for a Safer World" (RADAR 2009). IEEE, 2010. 2009:1 – 4.

[132] MA X F, SHENG W X, HUANG F. Mono – static MIMO radar array design for interferences suppressing[C]// 2009 Asia Pacific Microwave Conference. IEEE,2009: 2683 – 2686.

[133] DONG J, LI Q, WEI G. A combinatorial method for antenna array design in minimum redundancy MIMO radars [J]. IEEE Antennas and Propagation Letters, 2009, 8:1150 – 1153.

[134] 洪振清,张剑云,梁浩. 最小冗余 MIMO 雷达阵列设计[J]. 数据采集与处理,2013,28(4):471 – 477.

[135] 张娟,张林让,刘楠. 阵元利用率最高的 MIMO 雷达阵列结构优化算法[J]. 西安电子科技大学学报(自然科学版), 2010, 37(1):86 – 90.

[136] 王伟,马跃华,王咸鹏. 低冗余度多输入多输出雷达阵列结构设计[J]. 电波科学学报,2012,27(5):968 – 972.

[137] 陈刚,顾红,苏卫民. MIMO 雷达最小冗余垂直阵列设计方法[J]. 空军预警学院学报,2013,27(2):79 – 82.

[138] 陆珉,许红波,朱宇涛,等. MIMO 雷达 DOA 估计阵列设计[J]. 航空学报,2010,31(7):1410 – 1416.

[139] 陈阿磊,王党卫,马晓岩,等. 一种基于宽带 MIMO 雷达时域成像的阵列布阵模型[J]. 信号处理,2011, 27(1):143 – 148.

[140] BENJAMIN F. Waveform design for MIMO radar [J]. IEEE Transactions on Aerospace and Electronic Systems, 2007, 43(3):1227 – 1238.

[141] FUHRMANN D R, ANTONIO G S. Transmit beamforming for MIMO radar systems using signal cross – correlation[J]. IEEE Trans Aerosp Electron Syst, 2008, 44(1):1 – 16.

[142] DENG H. Polyphase code design for orthogonal netted radar systems [J]. IEEE Transactions on Signal Processing, 2004, 52(11):3126 – 3135.

[143] 牛朝阳,张剑云. MIMO 雷达正交波形集设计:线性调频－相位编码混合波形[J]. 计算机工程与应用,2012,48(13):133－137.

[144] WANG W Q, CAI J Y. MIMO SAR using chirp diverse waveform for wide－swath remote sensing [J]. IEEE Transactions on Aerospace and Electronic Systems, 2012, 48(4): 3171－3185.

[145] LUO X L, WANG J. An improved OFDM chirp waveform used for MIMO－SAR system [J]. SCIENCE CHINA: Information Sciences, 2014,57(6): 062306:1－062306:9.

[146] KIM J H, OSSOWSKA A, WIESBECK W. Investigation of MIMO－SAR for interferometry[C]//2007 European Radar Conference, Munich, 2007: 51－54.

[147] 李风从,赵宜楠,乔晓林. 零自相关区相位编码波形设计[J]. 电子学报,2013,41(12):2499－2502.

[148] ZOU B, DONG Z, LIANG D N. Design and performance analysis of orthogonal coding signal in MIMO－SAR [J]. Science China－Information Sciences, 2011, 54(8): 1723－1737.

[149] 张佳佳,孙光才,周芳,等. 基于方位相位编码线性调频波形的 MIMO－SAR[J]. 系统工程与电子技术,2014,36(8):1505－1510.

[150] 徐伟,邓云凯. 基于多维编码信号星载 MIMO－SAR 的回波分离方法[J]. 电子科技大学学报,2012,41(1):25－30.

[151] MENG C Z, XU J, XIA X G, et al. MIMO－SAR waveform separation based on inter－pulse phase modulation and range－doppler decouple filtering[J]. Electronics Letters, 2013, 49(6):420－422.

[152] MA C, YEO T S, TAN C S, et al. Three－dimensional imaging using colocated MIMO radar and ISAR technique[J]. IEEE Transactions on Geoscience and Remote Sensing, 2012, 50(8):3189－3201.

[153] BUCCIARELLI M, PASTINA D. Multi－grazing ISAR for side－view imaging with improved cross－range resolution[C]//2011 IEEE, Radar Conference, Kansas City, USA, May 23－27,2011: 939－944.

[154] 高强,薛乐,王振楠,等. 基于图像熵的线性阵列 ISAR 成像处理方法[J]. 计算机工程与应用,2012,48(32):125－128.

[155] 王怀军, 朱宇涛, 许红波,等. MIMO 雷达等效相位中心误差分析[J].

电子与信息学报,2010, 32(8):1849 - 1854.

[156] 黄大荣. 高分辨雷达非模糊成像与运动补偿研究[D]. 西安:西安电子科技大学,2015.

[157] NATARAJAN B K. Sparse approximate solutions to linear systems [J]. SIAM Journal on Computing, 1995, 24(2): 227 - 234.

[158] MALLAT S, ZHANG Z. Matching pursuits with time - frequency dictionaries [J]. IEEE Transactions on Signal Processing, 1993, 41(12): 3397 - 3415.

[159] REZAIIFAR Y C P R, KRISHNAPRASAD P S. Orthogonal matching pursuit: recursive function approximation with applications to wavelet decomposition [C]// Conference on Signals, Systems & Computers. IEEE, 1993. Pacific Grove, CA, 1993: 40 - 44.

[160] NEEDELL D. Topics in compressed sensing [D]. Davis: University of California, 2009.

[161] BLUMENSATH T, DAVIES M. Gradient pursuits [J]. IEEE Transactions on Signal Processing, 2008, 56(6): 2370 - 2382.

[162] TROPP D N A. Cosamp: iterative signal recovery from incomplete and inaccurate samples [J]. Applied and Computational Harmonic Analysis, 2009, 26(3): 301 - 321.

[163] DONOHO D L, TSAIG Y, DRORI I, et al. Sparse solution of underdetermined systems of linear equations by stagewise orthogonal matching pursuit[J]. IEEE Transactions on Information Theory, 2012, 58(2):1094 - 1121.

[164] DONOHO D L. For most large underdetermined systems of linear equations, the minimal 11 - norm solution is also the sparsest solution [J]. Communications on Pure and Applied Mathematics, 2006, 59(6): 797 - 829.

[165] GORODNITSKI I F, RAO B D. Sparse signal reconstruction from limited data using focuss: a re - weighted norm minimization algorithm [J]. IEEE Transactions on Signal Processing, 1997, 45(3): 600 - 616.

[166] CHEN S S, DONOHO D L, SAUNDERS M A. Atomic decomposition by basis pursuit[J]. SIAM Journal on Scientific Computing, 1998, 20(1): 33 - 61.

[167] ZHANG Z, RAO B D. Extension of SBL algorithms for the recovery of

block sparse signals with intra－block correlation [J]. IEEE Transactions on Signal Processing, 2013, 61(8): 2009－2015.

[168] 朱肇轩. 平移不变空间采样理论的研究及应用[D]. 成都:电子科技大学,2011.

[169] JENQ Y C. Perfect reconstruction of digital spectrum from non－uniformly sampled signals [J]. IEEE Transactions on Instrumentation and Measurement, 1997, 46(3):649－652.